プログラミング学習シリーズ

Java 入門編 第3版

ジャバ

三谷 純 著

ゼロからはじめるプログラミング

SE
SHOEISHA

本書内容に関するお問い合わせについて

このたびは翔泳社の書籍をお買い上げいただき、誠にありがとうございます。弊社では、読者の皆様からのお問い合わせに適切に対応させていただくため、以下のガイドラインへのご協力をお願い致しております。下記項目をお読みいただき、手順に従ってお問い合わせください。

●ご質問される前に

弊社Webサイトの「正誤表」をご参照ください。これまでに判明した正誤や追加情報を掲載しています。

正誤表　https://www.shoeisha.co.jp/book/errata/

●ご質問方法

弊社Webサイトの「刊行物Q&A」をご利用ください。

刊行物Q&A　https://www.shoeisha.co.jp/book/qa/

インターネットをご利用でない場合は、FAXまたは郵便にて、下記"翔泳社 愛読者サービスセンター"までお問い合わせください。
電話でのご質問は、お受けしておりません。

●回答について

回答は、ご質問いただいた手段によってご返事申し上げます。ご質問の内容によっては、回答に数日ないしはそれ以上の期間を要する場合があります。

●ご質問に際してのご注意

本書の対象を越えるもの、記述個所を特定されないもの、また読者固有の環境に起因するご質問等にはお答えできませんので、あらかじめご了承ください。

●郵便物送付先およびFAX番号

送付先住所　〒160-0006　東京都新宿区舟町5
FAX番号　03-5362-3818
宛先　(株) 翔泳社 愛読者サービスセンター

はじめに

Java言語は、幅広い分野で使われているプログラミング言語です。高性能なコンピュータで運用される大規模なオンラインシステムの開発に使われる一方で、携帯電話などの小型電子デバイスや、もっと小さなハードウェアに組み込まれるソフトウェアの開発にも使われています。Java言語の習得は、幅広い分野でのプログラム開発に役立てることができます。現在では、専門学校や大学での授業、または企業の新入社員研修などのカリキュラムに組み込まれることも多くなっています。

本書は、プログラミングの経験のない初学者の方でもスムーズに学習できるJava言語の入門書です。著者は、大学教育の現場で長年にわたって、理系だけでなく文系の学生にもJava言語の授業をしてきました。この経験をもとに、基礎的な内容から順を追ったわかりやすい章の構成とし、親切な説明を心がけました。

本書は入門編と実践編から構成されています。入門編では、Java言語によるプログラミングの基礎からオブジェクト指向の基本までを解説します。実践編では、アプリケーション作成の実践的な内容を扱うとともに、変化し続けるJava言語の新しい機能も紹介します。

本書で解説する内容は、Javaプログラムの開発・実行環境に依存しない一般的なものですが、広く用いられている「Eclipse（エクリプス）」という開発環境の導入方法を付録で解説し、その使用方法について第1章の中で説明をしています。Eclipseを用いることでプログラムを手軽に作成できるほか、Eclipseを使ったプログラムの開発手順が身につき、将来に備えることもできます。掲載しているサンプルプログラムはコマンドラインからも実行できます。

解説を読むだけでも理解できるように十分配慮しましたが、プログラミングを学習する上では、実際にプログラムコードを入力し、それを動作させてみることが重要です。本書で紹介しているサンプルコードをご自身の手で入力し、プログラムを実行させてみましょう。サンプルコードの一部を変更することで、実行結果がどのように変化するか確認してみることもぜひ行ってください。きっとプログラムの作り方を深く理解できるようになるでしょう。

Java言語を用いたプログラミングの習得に本書をご活用いただければ幸いです。

三谷 純

本書について

本書は、プログラミング学習シリーズのJava言語編です。同シリーズの趣旨として、初心者でも無理なくプログラミングの基礎力を養えるように配慮しています。条件分岐や繰り返し処理を行うための基本構文から、オブジェクト指向の概念の理解まで、具体例とともに、わかりやすい言葉で、なおかつできるだけ正確に説明することを心がけています。サンプルコードには、その内容に関する説明を付加しているので、プログラムの意図を理解する上で役立つことでしょう。また、各章末には学習した大切なポイントをおさらいする練習問題を用意しています。巻末の付録には問題の解答と解説も収録していますので、学習の到達度の確認に役立ててください。

本書は独習書としてはもちろん、大学、専門学校、企業での新人研修などの場でも利用できるように配慮しています。

本書の対象となる読者

- パソコンを使うことはできるけれど、今までプログラミングを学習したことがない人
- 大学、専門学校、企業などでJava言語を学ぶための教科書を探している人
- Java言語を体系的にきちんと勉強したいと考えている人
- 大学、専門学校、企業の教育部門などでJava言語によるプログラミングを教える立場の人

本書での学習にあたって

本書では、まず第1章でJava言語によるプログラムの構成と、プログラムを開発するための方法について習得した後、具体的なサンプルコードを示しながら学習を進めていきます。Java言語の学習にあたって重要なのは、次の2つです。

- 自分の手でプログラムコードを書くこと
- プログラムを実行して動作を知る・理解すること

学習の効率をアップさせるために、できるだけ本書で示すサンプルコードを実際に入力・実行して試しながら読み進めてください。サンプルコードに含まれる数値を変更するなど、自分なりに手を加えてみて、その変更が結果にどのような影響を与えるか、いろいろと試してみましょう。

本書では、プログラム作成の学習環境として、初心者から上級者まで幅広く使用されている統

合開発環境「Eclipse（エクリプス）」の使用方法を紹介しています。学校や職場には、あらかじめ準備されていることが多いですが、自宅での学習用に、自分のパソコンにインストールし、プログラムを作成するための準備を整えておきましょう。準備の整え方（Eclipseの導入とサンプルプログラムの実行）については、付録Aにまとめています。

サンプルのダウンロードについて

本書に掲載しているサンプルコードは、次のWebサイトからダウンロードできます。

https://www.shoeisha.co.jp/book/download/9784798167060

サンプルコードはZip形式で圧縮されており、解凍すると次のようなフォルダ構成になっています。

readme.txtファイル

サンプルコードの内容、注意点についてまとめています。ご利用になる前に必ずお読みください。

sampleフォルダ

本書に掲載しているサンプルコードをEclipseにそのまま読み込める「プロジェクト」の形で収録しています。これを参照したり実行したりするには、付録Aを参照してください。

ご注意ください

株式会社翔泳社

本書のサンプルコードは、通常の運用においては何ら問題ないことを編集部では確認しておりますが、運用の結果、いかなる損害が発生したとしても著者、ソフトウェア開発者、株式会社翔泳社はいかなる責任も負いません。

sampleフォルダに収録されたファイルの著作権は、著者が所有します。ただし、読者が個人的に利用する場合においては、ソースコードの流用や改変は自由に行うことができます。

なお、個別の環境に依存するお問い合わせや、本書の対応範囲を超える環境で設定された場合の動作や不具合に関するお問い合わせは、受けつけておりません。

目次

第1章　Java言語に触れる

Java言語に触れる
Java言語のプログラム構成
プログラムの作成

この章のテーマ

プログラムとは、コンピュータへの命令を記述したものです。この章では、コンピュータに命令を与えるためには、どのような手順でプログラムを作成するのかを学習します。Java言語のプログラムコードの構成を確認した後、Eclipse(エクリプス)というアプリケーションを使い、実際にプログラムを作って実行する方法を学びます。

1-1 Java言語に触れる

学習のポイント

- プログラムと、プログラムの作成で使用するプログラミング言語とは何かを知ります。
- Java言語のプログラムコードはどのようなものなのか、例を見てみます。
- Java言語のプログラムコードを実行するまでの基本的な仕組みと手順を覚えます。

プログラムとは何か

コンピュータは、私たちの日常生活になくてはならないものとなっています。皆さんが普段使っている携帯電話やゲーム機はもちろん、家電製品や自動車などにもコンピュータが組み込まれています。また、私たちの目に見えないところで無数のコンピュータがインターネットに接続され、便利なサービスを提供しています。電子メールの送受信やWebサイトの閲覧などは、そうしたサービスの代表的なものです。動画を鑑賞したり、買い物をすることもできます。

コンピュータがこうした仕事を行えるのは、コンピュータに適切な命令(めいれい)が与えられているからです。この「命令を記述したもの」をプログラムといいます。コンピュータは、プログラムで与えられた命令を忠実に実行(じっこう)していく機械なのです。プログラムを与えられなかったら、コンピュータは何も仕事ができません。また、コンピュータにさせたい仕事をプログラムにすることをプログラミングといいます。

コンピュータのプログラムは、ソフトウェアと呼ばれることがあります。これに対して、プログラムを実行するコンピュータやその周辺機器のことはハードウェアと呼ばれることがあります(図❶-1)。ソフトウェアは「ソフト」とよく略されますが、皆さんも「ゲームソフト」といった言葉で聞いたことがあるのではないでしょうか。ゲームをはじめ、ワープロや表計算、電子メール、Webブラウザなど、コンピュータの利用者が直接使うソフトウェアを総称してアプリケーションともいいます(注❶-1)。

KEYWORD

- 命令
- プログラム
- 実行
- プログラミング
- ソフトウェア
- ハードウェア
- アプリケーション

注❶-1

コンピュータの利用者が直接使わないソフトウェアもたくさんあります。たとえば、縁の下の力持ちとしてアプリケーションの実行を助けるソフトウェアなどがあります。OS(オペレーティングシステム)もソフトウェアの1つです。

図❶-1 プログラム・ソフトウェア・ハードウェア

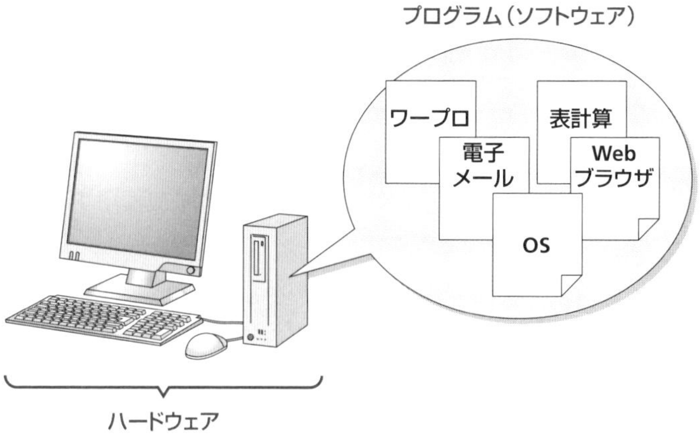

プログラムの作り方を学ぶことで、誰でもコンピュータにさまざまな仕事を命令できるようになります。たとえば、複雑な計算を行ったり（コンピュータは計算をするのが得意です）、きれいな映像を表示したり、たくさんの情報を記録したりできるようになります。さらに経験を積んでいけば、機械を制御するソフトウェアやネットワークシステムなど、高度なプログラムを作成できるようにもなります。

Java言語のプログラムコード

コンピュータに対する命令を記述するには、専用の言語を使います。日本語でコンピュータに命令を与えることができたらとても便利でしょうが、残念ながら、私たちが日常使っている言葉で直接コンピュータに命令することはできません。

そのため、コンピュータに命令を与えるための専用言語が、これまでにたくさん作り出されてきました。たとえば、C/C++言語、PHP言語、C#言語、Perl言語、Ruby言語などはその一部です（注❶-2）。本書で学習する**Java言語**（ジャバげんご）は、これらと同じく、プログラムを作るために考案された専用言語の1つです。このような言語を**プログラミング言語**（げんご）といいます。

私たちは、プログラミング言語を使ってコンピュータに対する命令を記述します。つまり、私たちがプログラミング言語の1つであるJava言語を学習し、Java言語で命令を記述できるようになれば、先に挙げたようないろいろなことをコンピュータに行わせることができるのです。

注❶-2

機械の制御やインターネット上のサービスの提供、数値計算など、プログラミング言語にはそれぞれ得意分野があります。Java言語は、幅広い分野のプログラムを作ることができる汎用性の高い言語の1つです。

KEYWORD

- ●Java言語
- ●プログラミング言語

KEYWORD
●プログラムコード

注❶-3
プログラムコードはソースコードやリスト、あるいは単にコードと呼ばれることがあります。

プログラムを、Java言語などのプログラミング言語で書き表したものをプログラムコードといいます（注❶-3）。ここで、Java言語で書かれたプログラムコードがどのようなものなのか見てみましょう。List❶-1は、「こんにちは」という文字を画面に表示するプログラムのプログラムコードです。

List❶-1　01-01/FirstExample.java

```
1: public class FirstExample {
2:     public static void main(String[] args) {
3:         System.out.println("こんにちは");
4:     }
5: }
```

左端の行番号は、プログラムコードを読みやすくするためにつけたものです。実際のプログラムコードには含まれません。本書では、以降も同じようにプログラムコードに行番号をつけます。

プログラムコードに書いてあった英単語や記号の意味は、これから1つずつ学んでいきます。まずは、このようなプログラムコードを書けばコンピュータに命令を与えられるのだ、と思ってください。

基本的に、プログラムコードは英単語（半角アルファベット）と記号を使って記述します（注❶-4）。とはいえ、覚えなくてはならない単語の数はそれほど多くないので、英語が苦手だという方も心配しなくて大丈夫です。

注❶-4
Java言語では英単語が用いられますが、英語ではありません。プログラムを作ることを目的に記述ルールが定められた専用言語です。

プログラムコードが実行されるまで

KEYWORD
●Java仮想マシン
●バイトコード
●コンパイル
●コンパイラ

Java言語を使って作成したプログラムは、Java仮想（かそう）マシン（Java Virtual Machine：JVM）と呼ばれるプログラムを使って実行します。ただし、Java仮想マシンはJava言語で書かれたプログラムコードを直接理解することができません。Java仮想マシンが理解できるのは、バイトコードという、0と1だけを使って表現される言葉だけです。

そのため、Java言語で書かれたプログラムコードを実行するときには、プログラムコードをJava仮想マシンが理解できるバイトコード形式のプログラムに変換します。この変換のことをコンパイルといい、変換を行う専用のプログラムのことをコンパイラといいます（注❶-5）。

プログラムコードが実行されるまでの流れは、図❶-2のようになります。

注❶-5
1-3節で紹介する「Eclipse」というアプリケーションを使ったプログラム開発では、コンパイルが自動的に行われます。

図❶-2 プログラムコード（List❶-1）が実行されるまでの流れ

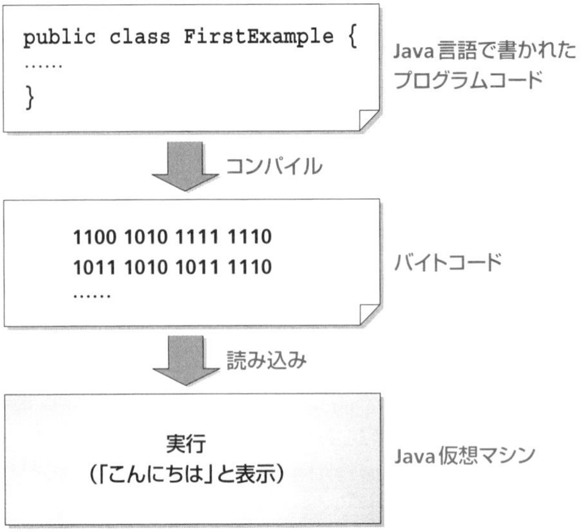

```
public class FirstExample {
……
}
```

Java言語で書かれたプログラムコード

↓ コンパイル

```
1100 1010 1111 1110
1011 1010 1011 1110
……
```

バイトコード

↓ 読み込み

実行
（「こんにちは」と表示）

Java仮想マシン

本書で紹介するEclipseを使ったプログラミングの学習では、これらの処理が自動的に行われるため、この流れを直接体験する機会はほとんどありません。しかし、この流れはコンピュータに命令を実行させるための基本ですので、しっかり覚えておきましょう。

なお、Java言語を使って作られたプログラムの大きな特徴として、WindowsやmacOSといったさまざまなOS（オペレーティングシステム）上で実行できることがあります（注❶-6）。これが可能なのは、バイトコードをJava仮想マシンが読み込んで実行する、という仕組みのおかげです。Java仮想マシンは同じバイトコードであれば、OSの違いを問わず同じ動作をするようになっているのです。

注❶-6
一般に、Windows向けに作られたプログラムをそのままmacOS上で実行することはできません。

登場した主なキーワード

- **プログラム**：コンピュータに与える命令を記述したもの。
- **プログラミング言語**：プログラムを作成するときに使用する言語。
- **プログラムコード**：プログラムをプログラミング言語を使って書いたもの。
- **コンパイル**：プログラムコードをコンピュータが理解しやすい形に変換すること。
- **コンパイラ**：コンパイルを行うための専用プログラム。
- **バイトコード**：Java言語のプログラムコードをコンパイルして作られるもの。
- **Java仮想マシン**：バイトコードを理解して実行するプログラム。

まとめ

- プログラムとは、コンピュータに対する命令を記述したものです。
- 私たちがJava言語を理解し、Java言語でプログラムコードを記述できるようになれば、コンピュータに命令を与えられるようになります。
- Java言語で記述されたプログラムコードは、コンパイラによってバイトコードに変換されます。この変換のことをコンパイルといいます。
- バイトコードはJava仮想マシンによって実行されます。
- バイトコードになったプログラムは、コンピュータのOSを問わず、Java仮想マシン上で同じように動作します。

1-2 Java言語のプログラム構成

学習のポイント

- Java言語で書かれたプログラムコードがどのような構成になっているかを見てみます。

プログラムコードの構成

それでは、Java言語のプログラムコードの内容をもう少し詳しく見てみましょう。List❶-2は、Java言語の最も基本的なプログラムコードの形です。

List❶-2　Java言語の最も基本的なプログラムコードの形

```
public class クラス名 {    ←「クラス名」には好きな名前を使えます
    public static void main(String[] args) {    ←ここがプログラムの入り口になります

        命令文    ←ここにコンピュータが行う命令を書きます

    }
}
```

KEYWORD
●クラス

「クラス名」は、第5章で学習するクラスの名前です。今のところは「プログラムの名前」と思ってください。アルファベットと数字の組み合わせで好きな名前を使えます。ただし、慣習として先頭の文字はアルファベットの大文字にします。たとえば、**example**ではなく**Example**のようにします。また、クラス名の中には空白が入ってはいけません。**First Example**のように2つ以上の単語でクラス名をつけたい場合には、2つをつなげて**FirstExample**という名前にします。

プログラムが実行されるときには、

```
public static void main(String[] args)
```

が入り口となり、これに続く{}の中にある命令文が実行されます。命令文は1つだけでなく、いくつでも入れることができます。また、命令文は原則としてプログラムコードの上から下に向かって順に実行されます。

前節で紹介した、「こんにちは」という文字を画面に表示するプログラムコード（List❶-1）は、次のような内容になっていました。

```
1: public class FirstExample {
2:     public static void main(String[] args) {
3:         System.out.println("こんにちは");
4:     }
5: }
```

プログラムの名前をFirstExampleとしています
プログラムの入り口です
「こんにちは」という文字を表示させる命令文です

このプログラムコードを見ると、「3行目の命令文だけあれば十分なのでは」と思うかもしれませんね。しかし、それ以外の行にもきちんと意味があります。今は「Java言語のプログラムコードはこのように書くルールなのだ」と思ってください。

KEYWORD
- セミコロン（;）
- 空白
- 改行

また、命令文の末尾にはセミコロン（;）を必ずつけます。セミコロンが命令文と命令文の区切りになるからです。一方で、1つの命令文の好きなところに空白（くうはく）や改行（かいぎょう）を入れてかまいません。単語と単語の間には必ず空白や改行が必要ですが（そうしないと2つの命令がくっついてしまいます）、それ以外にもプログラムコードを読みやすくするために改行を入れることがあります。

もちろん、1つの単語の中に空白や改行を入れてはいけません。**class**を**cla ss**などと書いてはコンパイラが理解できません。もう1つ大切なこととして、Java言語のプログラムコードは大文字と小文字が厳密に区別されます。**class**を**Class**などと書いてはいけません。

これらの基本的なルールをまとめておきます。Java言語でプログラムコードを書くときに必ず守るべきことですので、しっかり覚えておきましょう。

- 命令文の末尾にはセミコロン（;）をつける
- 空白や改行は（単語を区切らない限り）好きな場所に入れてかまわない
- プログラムコードの中の大文字と小文字は区別される

ブロック

KEYWORD
- {}
- ブロック
- ネスト

プログラムコードの中にある「{」と「}」は、必ず対になっています。この{}で囲まれた範囲をプログラムコードのブロックといいます。ブロックは入れ子（ネスト）にすることができ（つまりブロックの中にさらにブロックを入れることができ)、Java言語のプログラムコードはブロックが複数集まって構成されます。

List❶-1のプログラムコードには、次に示すように外側から順に(a)、(b)という2つのブロックがあります。

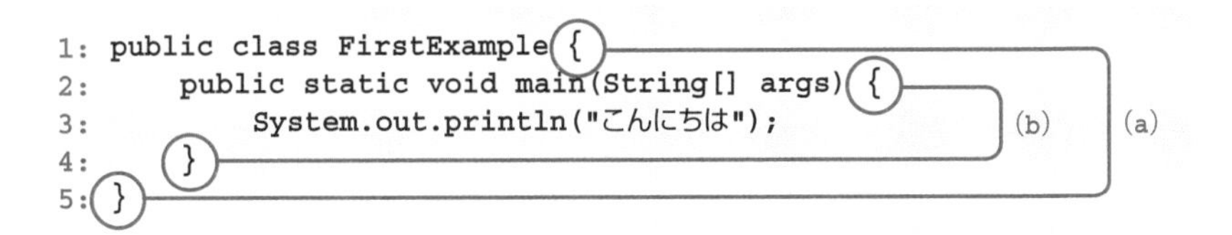
1: public class FirstExample{
2: public static void main(String[] args){
3: System.out.println("こんにちは");
4: }
5: }
(b)
(a)

この例では、外側のブロック(a)の中にブロック(b)があります。それぞれのブロックは、次のような役割を持っています。

(a) public class FirstExample { ～ }

クラスを定義するブロックです。プログラム全体を囲むブロックと思ってください。クラスについては第5章で学習します。

(b) public static void main(String[] args) { ～ }

メソッドを定義するブロックです。メソッドとは、コンピュータに実行させる命令文をまとめたものです。**main**という単語がメソッドの名前にあたり、このブロックに含まれる命令が最初に実行されます。いわばプログラムの入り口になります。メソッドについては第4章で学習します。

現時点では、プログラムコードの詳細を理解できなくても大丈夫です。Java言語は{}で囲まれたブロックの集まりで構成される、ということだけ覚えておいてください。

インデント

List❶-1にはブロックが2つしかありませんでしたが、通常のプログラムコードにはもっとたくさんのブロックが登場し、ブロックの中に複数のブロックが含まれる、複雑な階層構造をしています。もし、何の工夫もしないでプログラムコードを書くと、それぞれの命令文やブロックがどのブロックの中にあるのか、わからなくなってきます。これは後でプログラムコードを読むときにはもちろん、書いている最中でも混乱の元になります。

そこで、{と}の対応（つまりブロックの始まりと終わり）をわかりやすくするために、適切な数の空白を行の先頭に入れるようにします。このように、行頭に空白を入れて字下げすることをインデントといいます。本書で紹介するプログラムコードにも、適切なインデントを入れています。

KEYWORD
●インデント

ワン・モア・ステップ！

インデントと改行の入れ方の流儀

プログラムコードにインデントや改行があってもなくても、プログラムの動作には影響しません。そのため、好みのスタイルでインデントや改行を入れてかまいませんが、次の2通りのスタイルがよく使われます。

(a)「{」を行末に配置する

```
public class FirstExample {
    public static void main(String[] args) {
        System.out.println("こんにちは");
    }
}
```

(b)「{」を行頭に配置する

```
public class FirstExample
{
    public static void main(String[] args)
    {
        System.out.println("こんにちは");
    }
}
```

(b) のスタイルには、ブロックの始まりと終わりの対応が (a) のスタイルよりもわかりやすい、というメリットがあります。一方で、改行が多い分、画面上で一度に見られるプログラムコードの量が少なくなってしまう、という欠点があります。本書では紙幅の関係から、改行の少ない (a) のスタイルを使用しています。

コメント文

ほかの人にプログラムコードを見てもらうときや、後でプログラムコードを見直すときのために、プログラムコードの中には「メモ書き」を入れておくことが

KEYWORD
●コメント文

KEYWORD
●//
●/*～*/

できます。このメモ書きのことをコメント文（ぶん）といいます。コメント文には日本語も使えます。

プログラムコードの中に//という記号を書くと、その後ろにコメント文を1行書くことができます。1行ではなく複数行のコメント文を書きたいときには、コメント文を/*と*/で囲みます。

コメント文はコンパイラに無視されます。そのため、プログラムの動作には何も影響を与えません。

List❶-3は、List❶-1にプログラムの動作を説明するためのコメント文を入れた例です。

List❶-3 コメント文を入れたプログラムコードの例

```
 1: /*
 2:     「こんにちは」という文字を画面に表示するプログラム
 3:     作成日:2021年4月1日
 4:     作成者:三谷純
 5: */
 6: public class FirstExample {
 7:     public static void main(String[] args) {
 8:         // 画面へ文字列を出力する
 9:         System.out.println("こんにちは");
10:     }
11: }
```

（2～4行目：複数行のコメント文）
（8行目：1行コメント）

本書では、コメント文の代わりに次のような吹き出し、

を使ってプログラムコードに説明をつけていますが、実際のプログラムコードには吹き出しを入れられません。コメント文を活用して、わかりやすい説明を入れるように心がけましょう。

登場した主なキーワード

- **ブロック**：プログラムコードの中で{と}で囲まれた範囲。
- **インデント**：プログラムコードを見やすくするために行頭につける空白。
- **コメント**：プログラムコードの中に記したメモ書き。1行のコメント文には//を使用します。複数行のコメント文は/*と*/で囲みます。コンパイラに無視されるので、あってもなくてもプログラムの動作には影響を与えません。

まとめ

- プログラムコードは{}で囲まれた複数のブロックから構成されます。
- ブロックの中にブロックを入れられます（ブロックのネスト）。
- **public static void main(String[] args)** と書かれているところが、プログラムの入り口（実行を始めるところ）です。
- コメント文や行頭の空白を入れることで、プログラムコードを後から見たときに理解しやすくできます。

1-3 プログラムの作成

学習のポイント

- Eclipseはプログラムを作るためのアプリケーションです。
- Eclipseを使って、Java言語でプログラムを作成する方法を学習します。

Eclipseとは

プログラムを作成し、それをコンピュータに実行させるには、プログラムコードを記述するためのソフトウェア（エディターといいます）やコンパイラが必要です。また、コンパイルしたプログラムを実行し、その結果を表示する仕組みなども必要になります。このような一連の機能を提供するアプリケーションを統合開発環境（とうごうかいはつかんきょう）といい、その1つにEclipse（エクリプス）があります。

KEYWORD
- エディター
- 統合開発環境
- Eclipse

本節では、Eclipseを使ってJava言語によるプログラミングを行う方法を説明します（注❶-7）。Eclipseはプログラミングを行うためのアプリケーションとして広く使われており、学校や職場のコンピュータで使えるようになっていることが多いでしょう。無償で使用することができるので、普段使用するパソコンにもインストールしておくと便利です。Eclipseのインストール方法は、本書の巻末付録Aで説明しています。

注❶-7
Java言語によるプログラミングが行える統合開発環境には、ほかにも「NetBeans（ネットビーンズ）」などがあります。

以降では、お手元のパソコンにEclipseがインストールされていることを前提に、プログラムの作成方法を説明していきます。

Eclipseの画面構成

それでは、Eclipseを使ってプログラミングをしてみましょう。Eclipseは画面❶-1のような構成をしています（注❶-8）。

注❶-8
本書では、Windows版のEclipse 2020-12を使って説明を進めていきます。使用するEclipseのバージョンによっては画面構成が異なる場合があります。

画面❶-1　Eclipseのウィンドウの構成

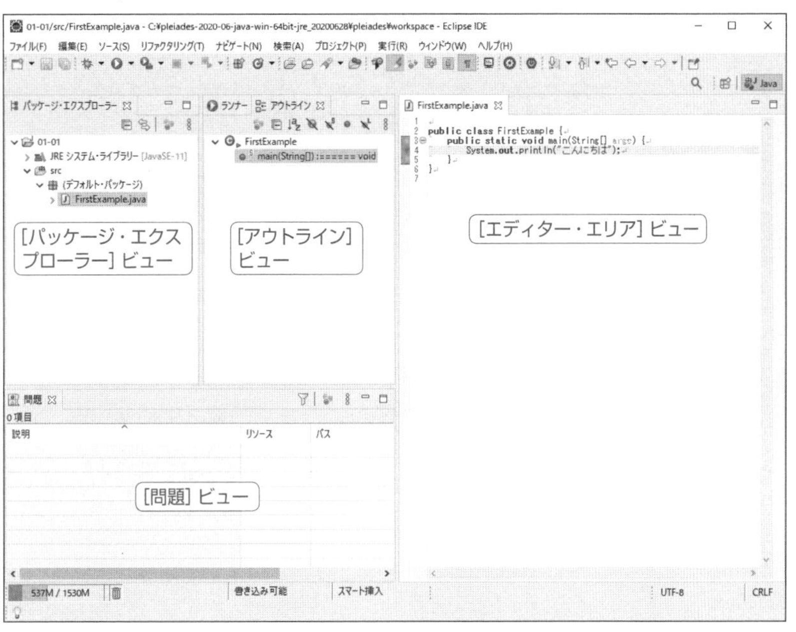

各ビューは、タブをドラッグすることで自由に位置を動かすことができます。また、[×] ボタンを押すと閉じることができます。画面に表示されていないビューを表示させるには、[ウィンドウ] メニュー→ [ビューの表示] から表示させたいビューを選択します。

Eclipseのビューは、**画面❶-1**に表示されているもの以外にもたくさんありますが、主に使用するのは次の4つです。

● [パッケージ・エクスプローラー] ビュー

プロジェクトの構成要素を表示します（プロジェクトについては後ほど説明します）。

● [エディター・エリア] ビュー

ここにJava言語のプログラムコードを記述します。

● [コンソール] ビュー

プログラムを実行した結果が表示されます。**画面❶-1**では見えていませんが、プログラムを実行すると [問題] ビューと同じ場所に現れます。

● [問題] ビュー

[エディター・エリア] ビューに入力したプログラムコードを保存したときに誤りがあると、問題点がここに報告されます。誤りや問題がなければ、ここには

何も表示されていません。

メモ

ビューを誤って最小化してしまった場合は、Eclipseの画面の端を見てください。**画面❶-2**のように最小化されたビューが示されています。これをクリックすれば、ビューは元どおりに表示されます。

画面❶-2 ビューとパースペクティブを復元するためのアイコン

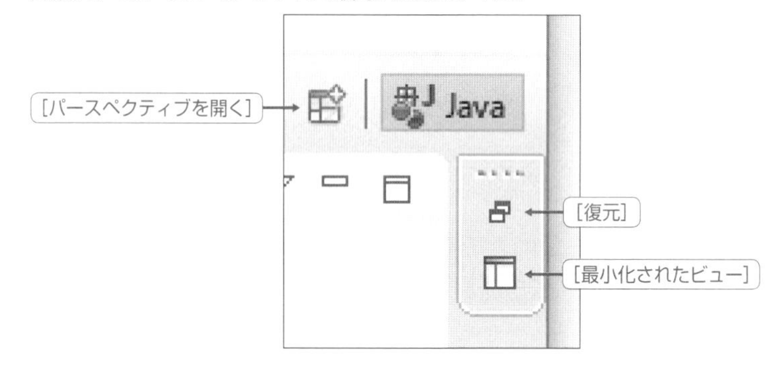

Eclipseの表示が**画面❶-1**のような状態になっていない、または操作しているうちに意図せず異なる状態になってしまった場合には、**画面❶-2**の「パースペクティブを開く」アイコンを押して表示される選択肢の中から「Java（デフォルト）」を選択します。

なお「パースペクティブ」とは、画面のレイアウトに名前をつけたものです。

プログラムを作成して実行する

それでは、EclipseでJavaのプログラムを作成し、実行してみることにしましょう。例として、本章の最初に紹介したプログラム（List❶-1）を使います。

プログラムを作成し実行するまでには、「プロジェクトの作成」「プログラムコードの作成」「実行」の3つのステップを踏む必要があります。これから説明する手順に沿って実際にEclipseを操作し、プログラムを実行してみましょう。

■ステップ1：プロジェクトの作成

KEYWORD
●プロジェクト

Eclipseでプログラムを作成するには、初めにプロジェクトを作成する必要があります。プロジェクトという言葉は少々大げさに聞こえるかもしれませんが、

「プログラムコードを管理する単位（フォルダのようなもの）」と考えてください。

プロジェクトは次の手順で作成します。

① ［ファイル］メニュー→［新規］→［Javaプロジェクト］を選択します（画面❶-3）。

画面❶-3 プロジェクトを新規作成するメニュー

ファイル(F) 編集(E) ナビゲート(N) 検索(A) プロジェクト(P) 実行(R) ウィンドウ(W) ヘルプ(H)
新規(N) Alt+Shift+N > Java プロジェクト
ファイルを開く(.)... Maven プロジェクト

② 表示された「新規Javaプロジェクト」ダイアログの「プロジェクト名」欄にプロジェクト名（注❶-9）を入力して、［完了］ボタンをクリックします（画面❶-4）。

注❶-9
本書ではプロジェクト名を「01-01」のように「〈章番号〉-〈通し番号〉」という形式で統一しています。

画面❶-4 「新規Javaプロジェクト」ダイアログ

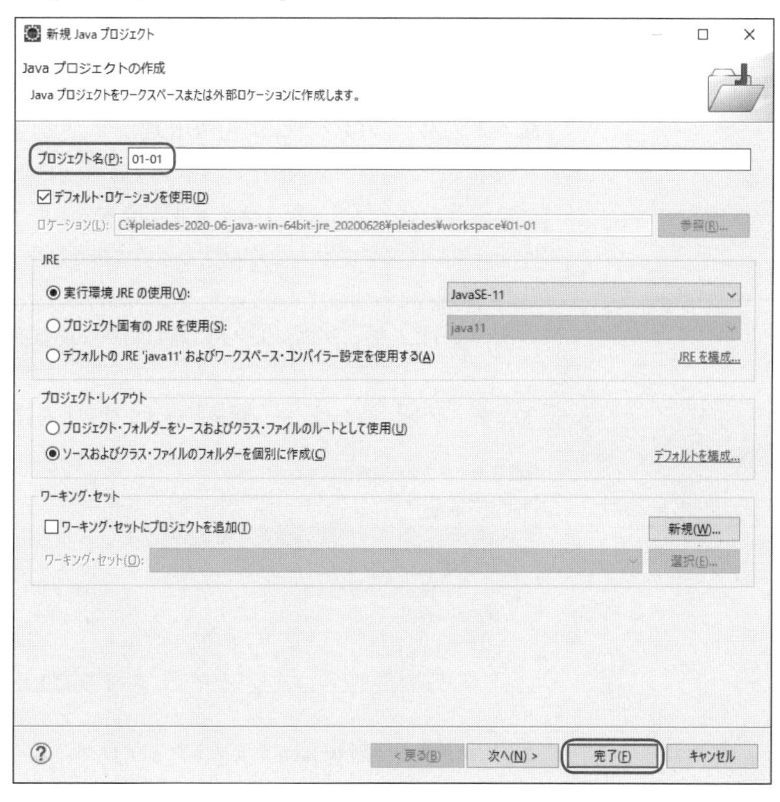

③ 表示された「新規 module-info.java」ダイアログの［作成しない］ボタンをクリックします（画面❶-5）。

画面❶-5 「新規 module-info.java」ダイアログ

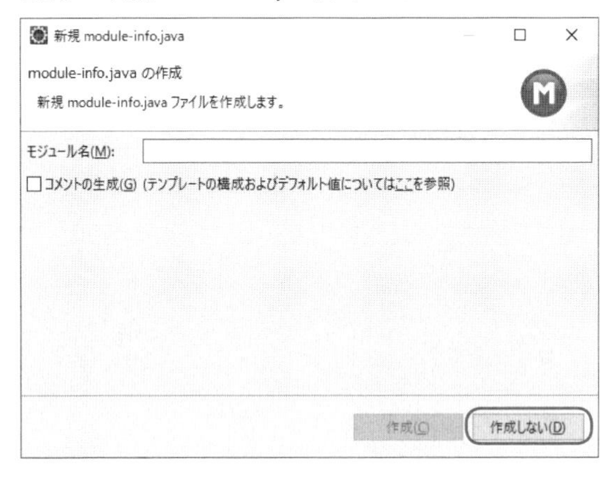

■ステップ2：プログラムコードの作成

続いて、プロジェクトの中にプログラムコードを作成します。Java言語では、プログラムをクラス（第5章で説明します）という単位で作成していきます。Java言語で「プログラムを作成する」ことは「クラスを作成する」ことだと理解しましょう。

次のようにして、プロジェクトに新しいクラスを追加します。

① ［ファイル］メニュー→［新規］→［クラス］を選択します（画面❶-6）。

画面❶-6　クラスを新規作成するメニュー

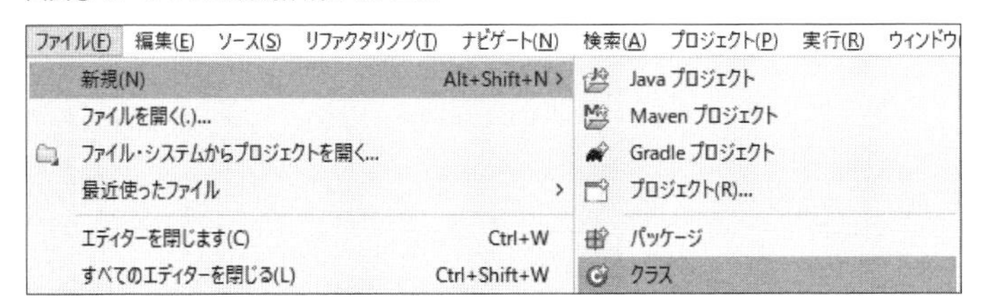

② 表示された「新規Javaクラス」ダイアログの「名前」欄にクラス名を入力し、［完了］ボタンをクリックします（画面❶-7）。クラス名はプログラムの名前と思ってください。好きな名前を設定できますが、ここでは **`FirstExample`** とします。

画面❶-7 「新規Javaクラス」ダイアログ

③ すると、［パッケージ・エクスプローラー］ビューが**画面❶-8**のような状態になります。「01-01」というプロジェクトの中の「FirstExample.java」というファイルにプログラムコードが作成されたことを示しています（注❶-10）。また、**画面❶-9**のような［エディター・エリア］ビューが表示されます。プログラムコードの一部がすでに入力されていますが、これは入力されたクラス名を元に、Eclipseが自動的に入れたものです。

注❶-10

srcは、プログラムコードのファイルが保存されているフォルダです（24ページで説明します）。（デフォルト・パッケージ）については実践編で説明します。

画面❶-8 「FirstExample.java」というファイルが追加された

画面❶-9 ［エディター・エリア］ビューにプログラムコードの一部が入力されている

```
FirstExample.java
1
2 public class FirstExample {
3
4 }
5
```

なお、［エディター・エリア］ビューのタブの右端にある［×］をクリックすると、そのタブが閉じられます。再度開くには、［パッケージ・エクスプローラー］ビューでプログラムコードのファイル（画面❶-8では「FirstExample.java」）をダブルクリックします。

④ いよいよプログラムコードを書いていきます。［エディター・エリア］ビューの中に、次のプログラムコードをキーボードで入力してみましょう。

```
public class FirstExample {
    public static void main(String[] args) {
        System.out.println("こんにちは");
    }
}
```

エディターの中では、プログラムコードの一部に色がついていたり、異なる書体が使われたりしますが、これらはプログラムコードを見やすくするためにEclipseが自動的に行ってくれています。入力する文字を間違えないように気をつけましょう。日本語以外の文字はすべて半角文字です。大文字・小文字の違いにも注意しましょう。

プログラムコードを入力している最中に、画面❶-10のように突然コンテキストメニューが表示されて驚くかもしれません。これは、Eclipseがこれから入力すると予測されるプログラムコードの候補を表示しています（注❶-11）。

注❶-11
同じつづりの候補がいくつも表示されることがありますが、最初のうちは、入力したいつづりであればどれを選んでもかまいません。Java言語の学習や経験を積むうちに候補の意味がわかり、正確に選べるようになります。

画面❶-10　入力中に表示されるコンテキストメニュー

*FirstExample.java

```
1
2  public class FirstExample {
3      public static void main(String[] args) {
4          System.
5      }
6  }
7
```

class :====== Class<java.lang.System>
err :====== PrintStream - System
in :====== InputStream - System
out :====== PrintStream - System
arraycopy(Object src, int srcPos, Object dest, int destPos, int length) :==
clearProperty(String key) :====== String - System
console() :====== Console - System
currentTimeMillis() :====== long - System
exit(int status) :====== void - System
gc() :====== void - System
getenv() :====== Map<String,String> - System
'Ctrl+Space' の押下 でテンプレート候補 を表示

これを無視してキーボードから入力を続けてもよいですし、マウスカーソルで候補の中から入力したいものをダブルクリックしてもかまいません（注❶-12）。なお、候補はキーボードから1文字打ち込むたびに絞られていきます。候補が多すぎるときには、選ぶ前に次の文字を入れてみましょう（画面❶-11）。選択している候補の説明も同時に表示されます。

注❶-12
コンテキストメニューが出たときに、入力したい候補を上下のカーソルキーで選択できます。Enterキーで選んだ候補を入力できます。

画面❶-11　次の文字を入れると候補が絞られた

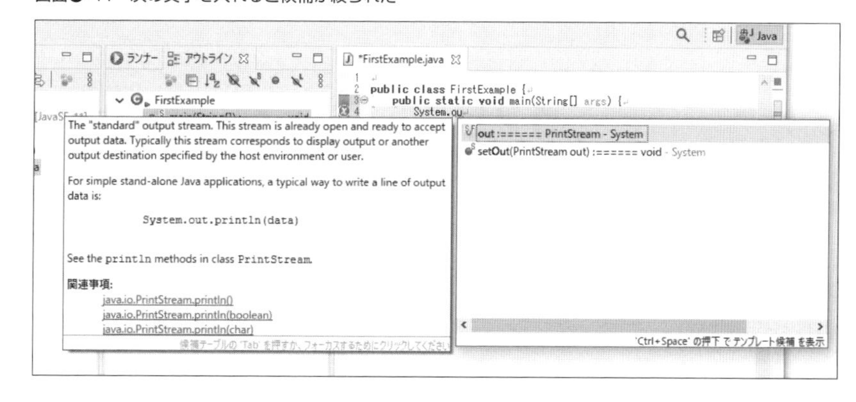

プログラムコードの中の改行はEnterキーで行います。その際、Eclipseは自動的にインデントを行頭に入れてくれます。これもコードを見やすくするためのEclipseの機能です。また、「{」を入力した行を改行すると、次行のインデントが自動的に1段階深くなります。手でインデントを調整する場合、深くするには［ソース］メニュー→［右へシフト］を、浅くするには［ソース］メニュー→［左へシフト］を選んでください（注❶-13）。

注❶-13
インデント部分に入っている空白をTabキーを押して増やしたり、Deleteキーを押して減らしたりすることで、その行のインデントを調整することもできます。

⑤［ファイル］メニュー→［保存］を選択してプログラムコードを保存します。これでプログラムコードの作成は完了です。

■ステップ3：プログラムの実行

ステップ2で作成したプログラムを次のようにして実行します。

注❶-14
2回目以降は［実行］メニュー→［前回の起動を実行］を選択してもかまいません。

①［実行］メニュー→［実行］→［Javaアプリケーション］(注❶-14)を選択します。

② Eclipseのウィンドウ下部に［コンソール］ビューが現れ、「こんにちは」と表示されます(画面❶-12)。このとき、裏ではEclipseがプログラムコードを自動的にコンパイルしています。これで、文字列を表示するプログラムが作成され、そして正しく実行されたことを確認できました。

画面❶-12　［コンソール］ビューにプログラムの実行結果が表示された

プログラムコードの間違いを修正する

KEYWORD
●エラー

作成したプログラムコードに間違いが含まれていると、エラー（Error）が発生し、正しく実行できません。エラーには次の2種類があります。

KEYWORD
●コンパイルエラー
●ランタイムエラー
●実行時エラー

- コンパイルエラー（Compile Error）
- ランタイムエラー（Runtime Error。「実行時(じっこうじ)エラー」ともいいます）

■コンパイルエラー（Compile Error）

プログラムコードをコンパイルしているときに発生するエラーです。プログラムコードの記述に誤りがある場合に発生し、このエラーがあるとプログラムを実行できません。特定のキーワードのつづりミスや、文法上の誤りが原因となります。慣れないうちは、次のような基本的な入力ミスが考えられます。

- アルファベットや記号、空白文字を誤って全角で入力している
- 大文字と小文字を間違えている（たとえば、`System`という単語を`system`と

入力しては誤り）
- 見た目の似た文字を誤って入力している

このような誤りをしないように、キーボードの入力モードを確認して、プログラムコードは半角アルファベットで入力するようにしましょう。空白部分は、半角の空白またはTabキーで入力します。全角の空白を使ってはいけません。そのほか、見た目が似ていて、入力を間違えやすいアルファベットと記号を以下に挙げておきます。

- 数字のゼロ「0」と、英小文字のオー「o」と、英大文字のオー「O」
- 数字のイチ「1」と、英大文字のアイ「I」と、英小文字のエル「l」
- 小括弧「()」と、中括弧「{}」と、大括弧「[]」
- セミコロン「;」と、コロン「:」
- ピリオド「.」と、カンマ「,」

Eclipseはプログラムコードを作成している最中、常に内容をチェックしていて、コンパイルエラーが発見された場合には、赤い下線とマークで問題のある場所を示してくれます（画面❶-13）。

画面❶-13 Systemの最初のSを小文字にした誤りがある

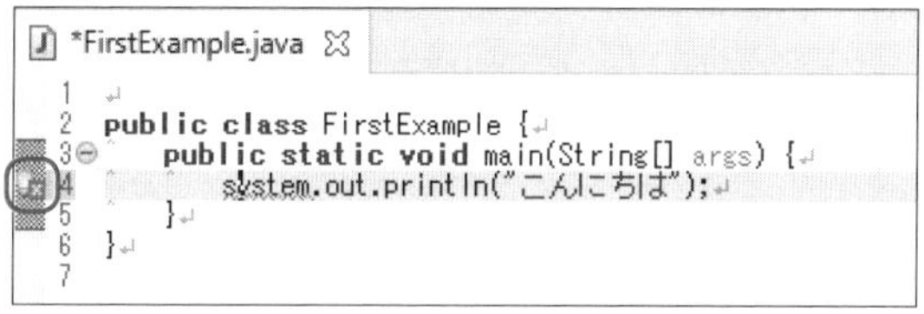

```
*FirstExample.java
1
2 public class FirstExample {
3     public static void main(String[] args) {
4         system.out.println("こんにちは");
5     }
6 }
7
```

マークにマウスカーソルを重ねるとエラーの内容が表示され、クリックすると解決方法の候補がいくつか提示されます。**画面❶-13**はつづりの誤りなので、正しいつづりに直します。マークの表示がなくなれば、プログラムコードは問題なくコンパイルされ、実行できます。

■ランタイムエラー（Runtime Error）

コンパイル時には発見されず、プログラムを実行している最中に見つかるプログラム上の問題のことです。文法上は間違いではなくても、命令を実行できない場合に発生します。たとえば「ファイルからデータを読み込もうとしたら、目的のファイルが存在しなかった」など、実行時になって初めてわかる要因で発生します。Eclipseによって実行中のプログラムにランタイムエラーが発生した場合は、プログラムが強制終了され、［コンソール］ビューに赤い文字でエラーの情報が出力されます。

なお、本書の中で紹介しているプログラムコードで学習を進めている限り、ランタイムエラーで困ることはないはずです（注❶-15）。

注❶-15
エラーに対処するための詳しい説明は実践編の「例外処理」の章で説明します。

プロジェクトの保存場所

Eclipseで作成したプロジェクトは、本書の巻末付録Aの説明にあるように、最初の起動で指定したworkspaceフォルダの中に保存されます。先ほどは「01-01」という名前でプロジェクトを作成しましたので、「01-01」というフォルダがworkspaceフォルダの中に見つかるはずです。

この01-01フォルダの中には「src」フォルダと「bin」フォルダがあります。srcフォルダには、作成したクラスのプログラムコードが「クラス名.java」というファイル名で保存されています。先ほど作成されたのはFirstExample.javaです。一方、「bin」フォルダには、コンパイルしてできたバイトコードが「クラス名.class」という名前のファイルに保存されています。先ほど作成されたのはFirstExample.classです。

Eclipse上でプログラムを作成しているときには、こうしたファイルを直接扱うことはありませんが、作成したプログラムを他人に渡すときや、ほかの記録媒体（メディア）にバックアップするときのために、この保存場所を知っておきましょう。

ワン・モア・ステップ！

.javaファイルと.classファイル

Java言語では、拡張子が「.java」のファイルにプログラムコードを保存します。このとき、プログラムコードのファイル名はクラス名と同じにします。先ほどは、FirstExampleクラスのプログラムコードをFirstExample.javaに保存していました。

一方、これをコンパイルしてできるバイトコードを記録しているのは、拡張子を.classにしたファイルです。先ほどの例ではFirstExample.classでした。このことからも、Java言語のプログラムは「クラス（class）」と密接な関係を持っていることがわかるのではないでしょうか。

この.javaファイルと.classファイルの意味と関係はJava言語を使うときの基礎知識でもあるので覚えておきましょう。クラスについての説明は第5章で行います。

登場した主なキーワード

- **Eclipse**：Java言語によるプログラムの作成を支援するアプリケーションの1つ。
- **プロジェクト**：プログラムコードを管理する単位。
- **コンパイルエラー**：コンパイル時に検出されるプログラムコードに含まれる間違い。
- **ランタイムエラー**：プログラム実行時に検出されるプログラム上の問題。

まとめ

- Eclipseを使ってプログラムを作成する方法と、実行する方法を学びました。
- プログラムに誤りがあると、エラーが発生します。エラーにはコンパイル時に検出されるコンパイルエラーと、実行時に発生するランタイムエラーがあります。
- コンパイルエラーが検出されなければプログラムを実行できます。

練習問題

1.1 次の(1)～(7)の文章にはすべてに誤りが含まれています。どこに誤りがあるか指摘してください。

(1) コンピュータは、Java言語で記述されたプログラムコードを直接理解して処理を行う。
(2) Java言語でプログラムコードを入力するときには、大文字と小文字の違いを区別しない。
(3) Java言語は簡単なプログラムを作るための言語で、個人が作るアプリケーションのために必要最低限の仕組みが準備された言語である。
(4) Java言語で書かれたプログラムコードは、Java仮想マシンによってバイトコードに変換される。
(5) Java言語で書かれたプログラムコードがコンパイラによってコンパイルされると、拡張子が.exeの実行可能ファイルが作成される。
(6) Java言語によるプログラミングをするには、Eclipseを事前にインストールしなくてはいけない。
(7) 適切なコメント文を入れておかないと、プログラムは正しく動作しない。

1.2 次の文章の空欄に入れるべき語句を、選択肢から選び記号で答えてください。

・Java言語で記述されたプログラムコードは拡張子が［　(1)　］のファイルに保存する。
・プログラムコードは{}で囲まれた複数の［　(2)　］から構成される。
・プログラムコードを見やすくするために行頭に入れる空白のことを［　(3)　］という。
・プログラムコードに誤りがあったときのエラーには、コンパイル時に発見される［　(4)　］エラーと、実行時に発見される［　(5)　］エラーがある。

【選択肢】
(a) ランタイム　(b) コンパイル　(c) インデント　(d) ブロック
(e) .java　(f) .class

第2章 Java 言語の基本

出力
変数
算術演算子と式
型変換と文字列の扱い

この章のテーマ

本章では、Java言語でプログラミングをするための基礎固めを行います。最初に、文字列の出力について学びます。続いて、プログラムを作成する上で基本となる変数と型の概念、およびその扱い方を学習します。そのほか、変数を使って加減乗除などの算術演算を行う方法や、文字列の簡単な使い方にも触れます。

2-1　出力

- 画面へ文字列を出力する
- 複数の出力命令

2-2　変数

- 変数とは
- 変数の宣言
- 値の代入
- 変数の初期化
- 値の参照
- 変数の型

2-3　算術演算子と式

- 計算を行うプログラム
- 算術演算子
- 算術演算子の優先順位
- 変数を含む算術演算
- 変数の値を変更する
- 算術演算の短縮表現

2-4　型変換と文字列の扱い

- 型の異なる値の代入
- 異なる型を含む演算
- 整数どうしの割り算
- String型
- 文字列の連結
- キーボードからの入力を受け取る

2-1 出力

学習のポイント

- 画面に文字列を「出力」する方法を学びます。
- プログラムコードには複数の命令文を記述できます。
- 命令文は上から下に向かって実行されます。

画面へ文字列を出力する

第1章では、Java言語で作成するプログラムコードの構造やEclipseの操作を学ぶために、「こんにちは」と［コンソール］ビューに表示するプログラムを作成し、実行しました。本章では、Java言語によるプログラム作成の第一歩として、そのプログラムコードの内容を詳しく見るとともに、そのほかの命令を加えてより複雑なプログラムにしていきます。

「こんにちは」と［コンソール］ビューに表示するプログラムといいましたが、より正確にいうと、「こんにちは」という文字列（もじれつ）を標準出力に出力（しゅつりょく）するプログラムです。

文字列とは、「A」や「あ」のような文字が1つ以上連なってできる文字の列のことです。たとえば、「**ABCDEFG**」や「あいうえお」は文字列です（注❷-1）。

また出力とは、文字列などのデータをコンピュータから送り出すことをいいます。標準出力については実践編で詳しく説明しますが、ここは「画面に表示する文字列を送り出す先」と思ってください。標準出力へ文字列を出力するプログラムをEclipse上で実行すると、［コンソール］ビューにその文字列が表示される仕組みになっています。以降では、［コンソール］ビューのことを単にコンソールと呼びます（注❷-2）。

コンソールへの出力はプログラムの基本的な動作の1つです。プログラムコードには、

```
System.out.println(出力する内容);
```

という命令文を記述します。

KEYWORD
- 文字列
- 出力

注❷-1
プログラムでは「A」や「あ」のような1つの文字と、「ABC」や「あいう」のような文字列を区別して扱う場合があります。複数の文字が含まれることを想定している場合には「文字列」という言葉を使います。

KEYWORD
- コンソール

注❷-2
コンソールとは、文字列（コマンド）でコンピュータに命令し、その結果を文字列で表示することができるプログラムの総称です。Windowsの「コマンドプロンプト」やmacOSの「ターミナル」などはコンソールで、これらも標準出力になっています。

「こんにちは」という文字列をコンソールに出力するには、出力する文字列をダブルクォーテーション（"）で囲んで次のように記述します。

KEYWORD
●ダブルクォーテーション（"）

```
System.out.println("こんにちは");
```

この命令文を実行するためのプログラム「PrintExample.java」のプログラムコードはList❷-1のようになります。

List❷-1　02-01/PrintExample.java（注❷-3）

```
1: public class PrintExample {
2:     public static void main(String[] args) {
3:         System.out.println("こんにちは");
4:     }
5: }
```

注❷-3
02-01/PrintExample.java は、「02-01というプロジェクトに含まれるプログラムファイルPrint Example.java」という意味です。本書のサンプルプログラムコードは、すべてこの形式で名前を表示します。

このプログラムコードをEclipse上で実行すると、画面❷-1のように「こんにちは」という文字列がコンソールに出力されます。

画面❷-1　PrintExample.javaの実行結果

問題 コンソール
<終了> PrintExample [Java アプリケーション]
こんにちは

複数の出力命令

プログラムコードには、1つだけでなく複数の命令文を記述できます。試しに、文字列をコンソールへ出力する命令文を続けて2つ書いてみます（List❷-2）。

List❷-2　02-02/PrintExample2.java

```
1: public class PrintExample2 {
2:     public static void main(String[] args) {
3:         System.out.println("こんにちは");
4:         System.out.println("今日もよい天気です");
5:     }
6: }
```

実行すると、コンソールには次のように文字列が表示されます。

実行結果

```
こんにちは
今日もよい天気です
```

2つの命令文が、プログラムコードの上から下に向かって順番に実行されたことを確認できます。`System.out.println`を用いた命令文では、文字列の後ろで改行され、後に続く出力は次の行から開始されます。

`System.out.print`を使用すると（`System.out.println`に似ていますが、`ln`がありません）、改行なしで文字列が出力されます。次のList❷-3は、List❷-2の`println`の部分を`print`に変更したものです。

List❷-3 02-03/PrintExample3.java

```
1: public class PrintExample3 {
2:     public static void main(String[] args) {
3:         System.out.print("こんにちは");
4:         System.out.print("今日もよい天気です");
5:     }
6: }
```

実行結果

```
こんにちは今日もよい天気です
```

実行結果を見ると、文字列の後に改行が出力されず、最初の文字列「こんにちは」のすぐ後に、次の文字列「今日もよい天気です」が続いていることを確認できます。

登場した主なキーワード

- **文字列**：「`A`」や「あ」などの文字が連なった列。
- **出力**：文字列などのデータをコンピュータから送り出すこと。コンソールに文字列を表示するのも出力の1つです。`System.out.println`を含むプログラムをEclipse上で実行すると、コンソールに指定した文字列が表示されます。

まとめ

- `System.out.println`によって、文字列をコンソールに出力することができます。
- プログラムコードに記述された命令文は上から下に向かって順番に実行されます。
- プログラムコードには複数の命令文を記述できます。

ワン・モア・ステップ！

エスケープシーケンス

System.out.printlnでは、コンソールに出力する文字列をダブルクォーテーション（"）で囲みます。しかし、ダブルクォーテーションを含む文字列を出力する場合には注意が必要です。

たとえば、「これから"Java言語"を学習します」と出力したい場合、次のように記述するとエラーになります。

```
System.out.println("これから"Java言語"を学習します");
```

なぜかというと、コンパイラはダブルクォーテーションに囲まれた"これから"を出力する文字列と認識した後、続く「Java言語」を命令だと認識するからです。しかし、「Java言語」なんていう命令はありません。ここでコンパイルエラーになります。

この場合には、文字列の中のダブルクォーテーションの前に半角文字の「**¥**」をつけて「**¥"**」と記述します（注❷-4）。

```
System.out.println("これから¥"Java言語¥"を学習します");
```

これでコンパイラは、「Java言語」の前後にあるダブルクォーテーションを文字列を囲む記号ではなく、単なる文字列の一部と認識してくれます。

文字列の中にある「**¥**」は、続く文字の意味を打ち消したり、逆に特別な意味を持たせたりするものです。その組み合わせをエスケープシーケンスといい、主なものを表❷-1に挙げておきます。なお、組み合わせている文字はすべて半角文字です。

表❷-1　主なエスケープシーケンス（組み合わせている文字はすべて半角文字）

記号の組み合わせ	意味
¥'	'
¥"	"
¥¥	¥
¥n	改行（ラインフィード：LF）
¥t	水平タブ
¥r	復帰（キャリッジリターン：CR）

Windowsなどでは、**¥r¥n**（CR＋LF）で「改行」を表します。

今ここで、表❷-1のエスケープシーケンスをすべて覚える必要はありません。文字列の中に「**¥**」を入れると特別な意味になる、ということを覚えておきましょう。

注❷-4
開発環境によっては、「¥」が「\」と表示されることがあります。表示のされ方が違うだけでこれら2つは同じものなので、「\」と表示される場合には、本書の「¥」を「\」と置き換えて読んでください。

KEYWORD
●エスケープシーケンス

2-2 変数

学習のポイント

- 値を格納する入れ物を「変数」といいます。
- 新しく変数を作成するには、変数の名前と、変数に入れる値の種類を指定します。
- 変数はプログラミングの中で最も大切な概念の1つです。

変数とは

たとえば、「最初に計算した結果Aと、次に計算した結果Bとの合計を求める」というプログラムを作るとしましょう。これを行うには、計算する命令を並べるだけではだめです。結果Aと結果Bの値を一時的に記憶しておくための命令も、プログラムに含めなければいけません。

コンピュータは（もちろんJava仮想マシンも）、プログラムで命令されたことしか実行しません。人間にはするのが当たり前のことのように思えることも、きちんと命令する必要があります。この例のように、コンピュータに「値を記憶させる」ことは、プログラムを作る上で最も重要な命令の1つです。

コンピュータがプログラムを実行している途中で、値を記憶するための入れ物を変数（へんすう）といいます。プログラムの中では、変数を作成し、その変数に値（あたい）を入れることができます（「変数」という言葉を「入れ物」と置き換えて読むと理解しやすいでしょう）。

変数を作成することを、変数の宣言（せんげん）といいます。また、変数に値を入れることを値の代入（だいにゅう）、変数の値を見ることを値の参照（さんしょう）といいます。これらのキーワードはとても大切ですので、しっかり覚えておいてください。まとめると次のようになります（注❷-5）。

- **変数の宣言** …… 変数を作成すること
- **値の代入** ………. 変数に値を入れること
- **値の参照** ………. 変数に入っている値を見ること

KEYWORD
- ●変数
- ●値
- ●宣言
- ●代入
- ●参照

注❷-5
変数は、プログラムが終了すると消えてなくなります。プログラムが終わった後でもその値を参照したい場合には、ファイルにデータを保存するなど、別の処理が必要になります。ファイルにデータを保存する方法は実践編で説明します。

それでは、変数を使ったプログラムコードの例を見てみましょう（List❷-4）。

List❷-4　02-04/VariableExample.java

```
1: public class VariableExample {
2:     public static void main(String[] args) {
3:         int i;    ←― iという名前の変数を作成します（変数の宣言）
4:         i = 5;    ←― iという名前の変数に5を入れます（値の代入）
5:         System.out.println(i);   ←― iという名前の変数の中身をコンソールに出力します（値の参照）
6:     }
7: }
```

3〜5行目で変数を扱っています。それぞれ、図❷-1のような意味を持ちます。

図❷-1　List❷-4で変数を扱っている命令文の意味

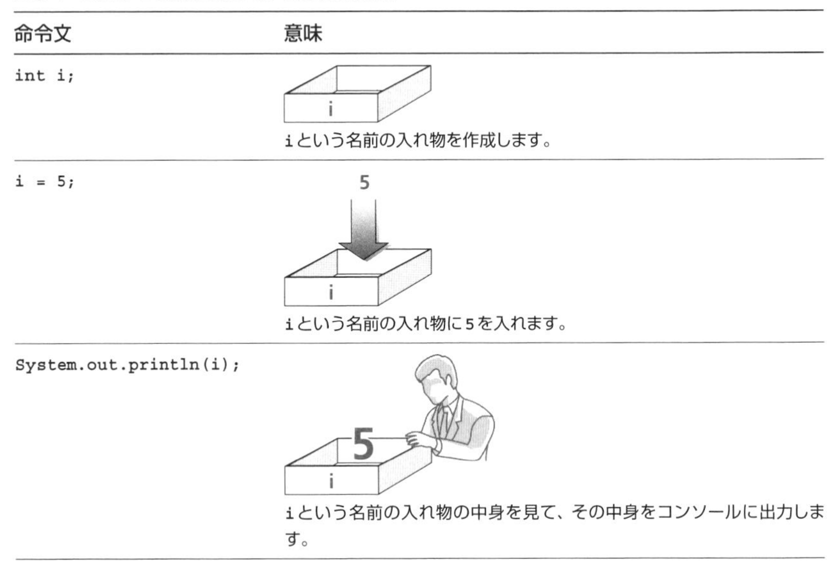

命令文	意味
`int i;`	i iという名前の入れ物を作成します。
`i = 5;`	5 i iという名前の入れ物に5を入れます。
`System.out.println(i);`	5 i iという名前の入れ物の中身を見て、その中身をコンソールに出力します。

List❷-4を実行すると、コンソールには次のように表示されます。変数**i**に代入した数値**5**が出力されたことがわかりますね。

実行結果

```
5
```

変数の宣言

List❷-4の3行目では、次のように変数を宣言していました。

```
int i;
```

KEYWORD
●構文
●型

この宣言は、次の構文（プログラムコードの書き方のルール）に沿って書かれています。

構文❷-1 変数の宣言

```
型名 変数名;
```

変数の宣言では、まず、その変数に入れる値の種類を指定します。この値の種類のことを型といいます。**int**は、整数を表す型名です。型については、後で詳しく説明します。

型名の後には変数の名前を指定します。**i**というようにアルファベット1文字でも、**scoreOfMyMathTest**のように長い名前でもかまいません。ただし、名前のつけ方には次のような決まりがあります。

- 英字、数字、アンダースコア（_）が使える
- 先頭の文字が数字であってはいけない
- 大文字と小文字が区別される
- Java言語で用途が決まっている単語を変数名にはできない（**public**、**try**、**new**など（注❷-6））

注❷-6
こうした用途の決まっている単語を予約語といいます。Eclipseの［エディター・エリア］は予約語を太字で表示するようになっており、変数名で使ってはいけない単語だとすぐにわかります。

KEYWORD
●予約語

これらの決まりを守っていれば、変数名は自由に決められますが、わかりやすい名前にしましょう。慣習として、先頭の文字は小文字にします。また、複数の単語をつなげた長い名前にする場合には、**longNameVariable**のように、2番目以降の単語の頭文字を大文字にするのが一般的です（注❷-7）。

注❷-7
この書き方をキャメルケースといいます。キャメルとはラクダのことで、大文字を背中のコブに見立てています。

KEYWORD
●キャメルケース

こうして変数の宣言をすると、プログラムで扱う値を格納するための入れ物が準備されます。

値の代入

変数に値を代入する構文は次のとおりです。

構文❷-2 変数への値の代入

```
変数名 = 値;
```

変数名には、宣言済みの変数の名前を記述します。値には代入する値を記述します。List❷-4の4行目では、この構文に沿って次のように値（整数の5）を代入していました。

```
i = 5;
```

算数で習う等号（=）は左辺と右辺が等しいことを意味しますが、Java言語では左辺の変数に右辺の値を「代入する」ことを意味します。i = 5という記述があれば、iという変数に5が代入されます。頭の中では「=」を左向きの矢印に置き換えて、「i←5」とイメージするとよいでしょう。

値の代入は、基本的に何度でも行えます。複数回行った場合は、最後に代入した値が有効になります。次に示すList❷-5の変数iには、最終的に10が入っていることになります。

List❷-5 02-05/VariableExample2.java

```
1: public class VariableExample2 {
2:     public static void main(String[] args) {
3:         int i;    ←iという名前の変数を作成します（変数の宣言）
4:         i = 5;    ←iという名前の変数に5を入れます（値の代入）
5:         System.out.println(i);    ←変数iの値を出力します（値の参照）
6:         i = 10;    ←変数iの中身が10で上書きされます（値の代入）
7:         System.out.println(i);    ←変数iの値を出力します（値の参照）
8:     }
9: }
```

実行結果

```
5
10
```

このように、中に入っている値を変更できるので、変数（変化する数）と呼ぶのだと理解しましょう。

変数の初期化

List❷-4では変数の宣言と値の代入を、次のように別々に記述していました。

```
int i;
i = 5;
```

実は、これら2つの処理をまとめて、一度に行うことができます。

```
int i = 5;
```

このように記述すると、5が代入された状態の変数iを作成できます。

KEYWORD
●初期値
●初期化

変数に初期値（しょきち）（最初の値）を代入することを変数の初期化（しょきか）といいます。このように1行にまとめると、変数の宣言と初期化を同時に行うことができます。

値の参照

List❷-4に記述されている、

```
System.out.println(i);
```

という命令文は、変数iに代入されている値をコンソールに出力します。つまり、プログラムコードの中で変数名を書くと、その値が参照されるのです。

それでは、次の命令文が実行されたときには、どのような結果になると思いますか？

```
int j;
j = i;
```

答えは、最初に変数iの値が参照され、次に変数jに変数iの値が代入されます。もし、変数iに5が代入されていたら、変数jにも5が代入されます。j = iを「j←i」と置き換えて考えるとわかりやすいでしょう。

ただし、次のように値が代入されていない変数（初期化されていない変数）を参照することはできません。

```
int i;                  ←iという名前の変数を作成します
System.out.println(i);  ←変数iには値が代入されていないので参照できません
```

このようなプログラムコードを作成すると、コンパイルエラーとなります。

変数の型

先にも簡単に触れたとおり、プログラムで扱う値の種類のことを型といいます。整数を表す型は**int**（イント）というキーワードで表します。Java言語で使用できる型は**int**だけでなく、表❷-2に示すものがあります。

KEYWORD
- int

表❷-2 Java言語でサポートされている型

型	値の例	格納できる値の範囲
char	'a', 'b', 'c', … 'あ', 'い', …	1文字（16ビット、Unicode文字）
boolean	true, false	真偽値。true（真）または false（偽）のどちらか
byte	整数（…, -1, 0, 1, …）	8ビット符号付き整数 -2^7 (-128) ～ 2^7-1 (127)
short		16ビット符号付き整数 -2^{15} (-32,768) ～ 2^{15}-1 (32,767)
int		32ビット符号付き整数 -2^{31} (-2,147,483,648) ～ 2^{31}-1 (2,147,483,647)
long		64ビット符号付き整数 -2^{63} (-9,223,372,036,854,775,808) ～ 2^{63}-1 (9,223,372,036,854,775,807)
float	小数点を含む数値（… -0.5, …, 0.0, …, 0.5, …）	32ビット符号付き浮動小数点数（注❷-8）
double		64ビット符号付き浮動小数点数

注❷-8
浮動小数点数とは、各桁の値を表す「仮数部」と、小数点の位置を表す「指数部」で数値を表現する方法で、表現できる数値の幅が広いという特徴があります。ビット数が大きいほど、より正確な値を表現できます。

整数を表すのは**int**型だけではありません。**byte**（バイト）型、**short**（ショート）型、**long**（ロング）型もあります。違いは、それぞれの型で扱える数値の範囲です。変数に代入する数値がどの範囲に収まるかを判断して使い分けます。一般的には**int**型を使うことが多いです。

KEYWORD
- byte
- short
- long
- float
- double
- char
- boolean
- 真偽値

0.99や**-1.5**のような小数点を含む値を代入する変数には、**float**（フロート）型あるいは**double**（ダブル）型を使用します。これは代入する数値の精度によって使い分けますが、一般的には**double**型を使うことが多いです。

char（チャー）型の変数には、文字を1つだけ代入できます。文字列（複数の文字）を代入することはできないので注意しましょう。文字列を代入するための変数を作成する方法は、2-4節で紹介します。

boolean（ブーリアン）型は真偽値（しんぎち）を扱います。プログラムの中では、ある条件を満たしているときにはこちらの処理を行い、満たしていない場合にはあちらの処理を行う、といった場面がよく出てきます。真偽値は、こうした条件を満たしているときに**true**（トゥルー）（真（しん））、満たしていないときに**false**（フォルス）（偽（ぎ））になる値です。

KEYWORD
- true（真）
- false（偽）

プログラミングでは、これらの型を適切に使い分ける必要がありますが、最初からすべての型を覚えるのは大変です。まずは、よく使う次の3つを覚えましょう。

- 整数を入れる`int`型
- 小数点を含む値を入れる`double`型
- 真偽値を入れる`boolean`型

List❷-6はさまざまな型の変数を作成し、代入した値を参照してコンソールに出力するプログラムです。

List❷-6　02-06/TypeExample.java

```
 1: public class TypeExample {
 2:     public static void main(String[] args) {
 3:         double d;
 4:         d = 9.9;
 5:         char c;
 6:         c = 'あ';
 7:         byte b;
 8:         b = 81;
 9:         boolean bool;
10:         bool = true;
11:         System.out.println("dの値は" + d);
12:         System.out.println("cの値は" + c);
13:         System.out.println("bの値は" + b);
14:         System.out.println("boolの値は" + bool);
15:     }
16: }
```

char型の文字はシングルクォーテーション(')で囲みます

さまざまな型の変数を宣言し、それぞれに値を代入します

各変数の値を出力します

実行結果

```
dの値は9.9
cの値はあ
bの値は81
boolの値はtrue
```

List❷-6では`System.out.println`で出力する値に対し、

```
"dの値は" + d
```

KEYWORD
●+

と記述しています。このように「+」を使うと、文字列と変数に格納されている値を表す数字を連結することができます。この例では、「dの値は」という文字列と、変数`d`に格納されている値を表す文字列が連結されます。

KEYWORD
●2進数
●ビット

注❷-9
10進数では桁が1つ増えるごとに、表現できる数が10倍になります。1桁のときは`0`～`9`の10種類（10^1種類）ですが、2桁になると`0`～`99`の100種類（10^2種類）になります。

KEYWORD
●バイト

ワン・モア・ステップ！

2進数表現と値の範囲

コンピュータ内部では、`0`と`1`の列で数値を表す2進数によって値を表現しています。2進数は、簡単にいうと`2`になると桁が1つ上がる数の表現です。私たちが普段使っている数の表現では`10`になると桁が1つ上がりますから10進数です。

2進数の各桁はビット（bit）と呼ばれます。表❷-2の「格納できる値の範囲」に8ビットや16ビットなどと書いてありましたが、たとえば8ビットはビットが8つの2進数、つまり8桁の2進数という意味です。ビット数が1つ増えるごとに、表現できる数は2倍になります。8ビットの2進数で表現できる数は2^8種類、つまり256種類です（注❷-9）。

表❷-3は、8ビットで表現できる数を2進数表現と10進数表現のそれぞれで表したものです。

表❷-3　2進数表現と10進数表現の対応

2進数表現	10進数表現
00000000	0
00000001	1
00000010	2
……	……
01111110	126
01111111	127
10000000	-128
10000001	-127
……	……
11111111	-1

`byte`型では8ビットで表現できる数、つまり`-128`～`127`を扱えます。同様に`int`型では32ビット、`long`型では64ビットで表現できる数を扱えます。

表❷-3を見るとわかるように、最上位桁のビット（一番左のビット）が0のときには正の値、1のときには負の値を表します。

なお、ビットはコンピュータが扱う情報の最小単位で、8ビットで1バイト（byte）という単位になります。コンピュータで扱うデータの大きさ（ファイルの大きさなど）を表現するのに、このバイトという単位が使われます。

KEYWORD
- Unicode
- 文字コード

注❷-10
Unicodeのような、文字に番号をつける方式のことを指して「文字コード」という場合があります。

ワン・モア・ステップ！

Unicodeと文字コード

コンピュータは人間のように文字を理解することはできません。そこで文字に番号をつけてさまざまな処理を行っています。番号のつけ方にはいくつか方式があるのですが、Java言語の`char`型はUnicode（ユニコード）という方式でつけた番号で文字を扱います。また、文字につけられた番号を文字（もじ）コードといいます（注❷-10）。

この方式では、16ビット（0～65535）の範囲で文字に番号をつけています。たとえば、半角文字の「`A`」には65番、全角文字の「あ」には12354番という文字コードがつけられています。番号はおおむね、辞書と同じ並び順につけられています。半角文字の「`B`」は66番、全角文字の「い」は12356番です（12355番は全角文字の「ぃ」）。

登場した主なキーワード

- **変数**：値を入れておく入れ物のこと。
- **型**：値の種類のこと。
- **代入**：変数に値を入れること。
- **参照**：変数に入っている中身を見ること。
- **構文**：プログラムコードの書き方のルール（文法）。
- **初期化**：変数に最初の値（初期値）を入れること。

まとめ

- 変数とは値を格納する入れ物のことです。
- 変数を使うためには、「名前」と「型」を決める必要があります。
- 変数を使用するには、まず宣言を行う必要があります。
- 値を格納することを代入といい、等号（`=`）を使用して左辺の変数に右辺の値を入れます。
- 主な型には、整数を扱う`int`型、小数点を含む値を扱う`double`型、真偽値を扱う`boolean`型があります。

2-3 算術演算子と式

学習のポイント

- 式とは何かを学習します。
- Java言語には、さまざまな算術演算子があります。
- 算術演算子を用いることで加減乗除などの計算をコンピュータに行わせることができます。

計算を行うプログラム

それでは次に、簡単な計算を行うプログラムを作ってみましょう。List❷-7は、2 + 3の結果をコンソールに出力するプログラムコードです。

List❷-7 02-07/CalcExample.java

```
1: public class CalcExample {
2:     public static void main(String[] args) {
3:         System.out.println(2 + 3);
4:     }
5: }
```

実行結果

```
5
```

「2 + 3が計算されて5という結果がコンソールに出力される」という、単純でわかりやすいものですが、今後の学習のために、ここでいくつかの用語を説明しておきます。まず、

```
2 + 3
```

KEYWORD
- 式
- 演算子
- オペランド

という表現を式（しき）といいます。式の特徴は、値を持っていることです。この例では、「2 + 3という式は5という値を持っている」ということができます。

また、+記号のように、式に含まれて演算の内容を表すものを演算子（えんざんし）といいます。さらに、この式の2と3のように演算されるものをオペランド（「演算対象」

という意味）といいます。プログラムコードに登場する式は、図❷-2に示すように、演算子とオペランドの組み合わせで表現されます。

図❷-2 オペランドと演算子から構成される式

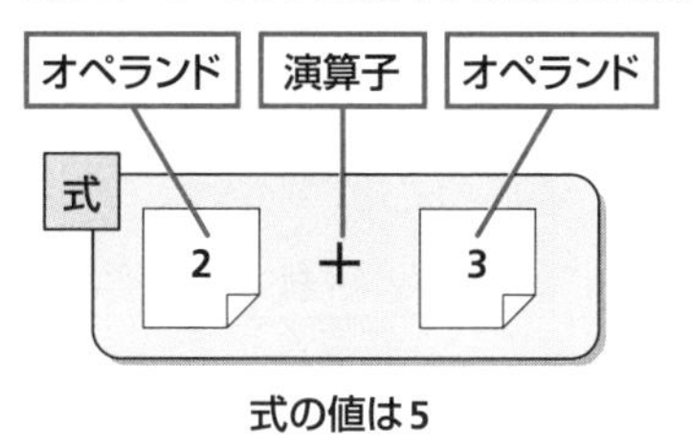

式は値を持っていますから、たとえば、

```
i = 2 + 3;
```

と記述した場合には、式の値である**5**が変数**i**に代入されます。

算術演算子

List❷-7では足し算をしました。引き算をするには、

```
i = 2 - 3;
```

と記述します。この場合、変数**i**には式**2 - 3**の値である**-1**が代入されます。

+と**-**という2つの記号は、見てすぐわかるように、足し算（加算）と引き算（減算）を行うための演算子です。このような算術計算を行う演算子を算術演算子（さんじゅつえんざんし）といいます。

KEYWORD
●算術演算子
●剰余演算子

Java言語では、表❷-4に示す算術演算子が使えます。掛け算の演算子が*****で、割り算の演算子が**/**であることに注意しましょう。**%**は割り算を行った結果の「余り」を求める算術演算子で、剰余演算子（じょうよえんざんし）といいます。たとえば、**7 % 3**という式の値は、**7**を**3**で割った余りである**1**になります。

表❷-4 算術演算子

演算子	演算の内容	説明	使用例
+	加算（足し算）	左辺と右辺を足します	1 + 2（式の値は3）
-	減算（引き算）	左辺から右辺を引きます	2 - 1（式の値は1）
*	乗算（掛け算）	左辺と右辺を掛けます	2 * 3（式の値は6）
/	除算（割り算）	左辺を右辺で割ります	4 / 2（式の値は2）
%	剰余	左辺を右辺で割った余りを求めます	7 % 3（式の値は1）

KEYWORD
- +
- -
- *
- /
- %

算術演算子の優先順位

Java言語の算術演算では、数学での計算と同じように加算と減算（+と-）より乗算と除算（*と/）が優先されます。

```
3 + 6 / 3
```

KEYWORD
- 評価

は、3 + 6よりも6 / 3が先に評価（ひょうか）され、値は5になります（注❷-11）。

先に3 + 6を計算したい場合には、カッコを使って次のようにします。

注❷-11
式の値が計算されることを「式が評価される」といいます。

```
(3 + 6) / 3
```

この場合、結果は3になります。数学と同じように、カッコで囲んだところが先に評価されます。

変数を含む算術演算

算術演算には変数を使うことができます。List❷-8のプログラムコードを見てください。

List❷-8 02-08/CalcExample2.java

```
1: public class CalcExample2 {
2:     public static void main(String[] args) {
3:         int i = 10;   ← 変数iに10を代入します
4:         int j = i * 2;   ← 変数iの値に2を掛けた値を変数jに代入します
5:         System.out.println("jの値は" + j);   ← 変数jの値をコンソールに出力します
6:     }
7: }
```

実行結果

```
jの値は20
```

3行目では、変数`i`に`10`を代入しています。4行目の命令文は、式`i * 2`の値を変数`j`に代入するというものです。`i * 2`の値は、まず変数`i`を参照し、次にその値`10`に`2`を掛けて求められます。

このように、式の中に変数が含まれている場合は、その変数に入っている値が使われます。

変数の値を変更する

変数の値を変更するには、新しい値を変数に代入します。しかし、「今の値から3増やす」という場合にはどのようにすればよいでしょうか。たとえば、変数`i`の値を3増やすには、次のように記述します。

```
i = i + 3;
```

「`=`」を数学の等号と同じように考えると違和感を覚えると思いますが、プログラムコードの「`=`」は、代入を表します。等しいことを表すのではありません。この命令文では、まず「変数`i`の値に3を加えた値」を求め、次にその値を変数`i`に代入しているのです。`i = i + 3`を「`i← (i + 3)`」とみなすとわかりやすいでしょう。

KEYWORD
●=
●代入演算子

なお、「=」はここまで使ってきたように、右辺の値を左辺の変数に代入する演算子であるため、代入演算子(だいにゅうえんざんし)と呼ばれます。

算術演算の短縮表現

プログラムでは変数の値をよく変更します。Java言語では変数の値を変更する命令文を、算術演算の短縮表現を使って短く書くことができます。たとえば、

```
i = i + 3;
```

という命令文は、次のように短く書くことができます。

```
i += 3;
```

「+=」という記号は、右辺の値を足し算した結果を左辺の変数へ代入（加算代入）する演算子です。このような短縮表現には表❷-5に示すものがあります。

短縮表現は便利なのですが、プログラミングに慣れるまでは短縮しないほうがわかりやすいかもしれません。慣れてきたら、徐々に短い表現を使うようにするとよいでしょう。

KEYWORD
●+=
●-=
●*=
●/=
●%=
●++
●--

表❷-5 算術演算の短縮表現に用いる演算子

演算子	演算の内容	説明	使用例
+=	加算代入	左辺の変数の値と右辺の値を足した値を、左辺の変数に代入します	a += 2; （変数aの値は2増えます。a = a + 2;と同じです）
-=	減算代入	左辺の変数の値から右辺の値を引いた値を、左辺の変数に代入します	a -= 3; （変数aの値は3減ります。a = a - 3;と同じです）
*=	乗算代入	左辺の変数の値に右辺の値を掛けた値を、左辺の変数に代入します	a *= 2; （変数aの値は2倍になります。a = a * 2;と同じです）
/=	除算代入	左辺の変数の値を右辺の値で割った値を、左辺の変数に代入します	a /= 3; （変数aの値は3分の1になります。a = a / 3;と同じです）
%=	剰余代入	左辺の変数の値を右辺の値で割った余りを、左辺の変数に代入します	a %= 2; （変数aの値はそれを2で割った余りになります。a = a % 2;と同じです）
++	インクリメント	左辺の変数の値を1増やします	a++; （変数aの値は1増えます。a = a + 1;と同じです）
--	デクリメント	左辺の変数の値を1減らします	a--; （変数aの値は1減ります。a = a - 1;と同じです）

KEYWORD
●インクリメント
●デクリメント
●インクリメント演算子
●デクリメント演算子

+=、-=、*=、/=、%=も代入演算子です。また、プログラムでは、ある変数の値を1だけ増やしたり（インクリメント）、あるいは1だけ減らしたりすること（デクリメント）がよくあります。そこで、そのための特別な演算子として、変数の値を1だけ増やすインクリメント演算子（++）と、逆に1だけ減らすデクリメント演算子（--）が用意されています。

List❷-9は、算術演算子を使った計算のようすを確認するプログラムです。

List❷-9 02-09/CalcExample3.java

```
 1: public class CalcExample3 {
 2:     public static void main(String[] args) {
 3:         int i;
 4:         i = 11;
 5:         i++;
 6:         i /= 2;
 7:         System.out.println("iの値は" + i);   ← iの値をコンソールに出力します
 8:
 9:         int j;
10:         j = i * i;
11:         System.out.println("jの値は" + j);   ← jの値をコンソールに出力します
12:     }
13: }
```

実行結果

```
iの値は6
jの値は36
```

実行結果とプログラムコードと見比べて、どのような計算が行われたのかを確認してみてください。

ワン・モア・ステップ！

文と式

KEYWORD
●文
●代入式

「`i = 2 + 3;`」のように、末尾のセミコロン（`;`）までを含めた命令の記述を文（ぶん）といいます。これまで命令文といってきましたが、単に文というほうが一般的です。一方、式は「`2 + 3`」のようにセミコロンを含まず、値を持ちます（文は値を持ちません）。

式は、必ずしも数値の計算だけに限りません。文字列と文字列をつなぐ式などもあります。不思議に思えるかもしれませんが、「`i = 2 + 3;`」からセミコロンをはずした「`i = 2 + 3`」も式（代入式（だいにゅうしき））です。この式のオペランドと演算子の関係は図❷-3のようになります。

図❷-3 代入式におけるオペランドと演算子の関係

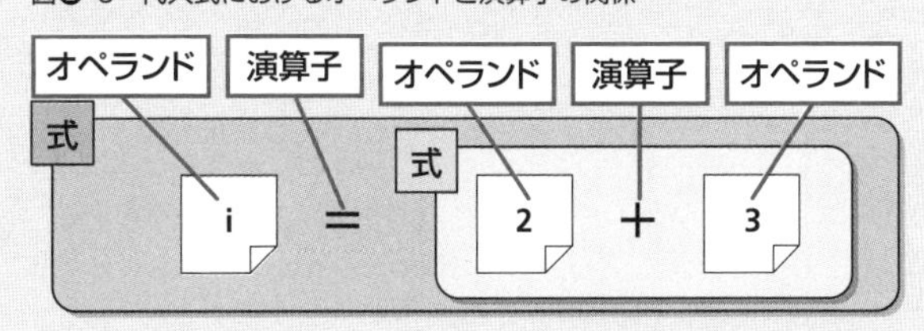

式は値を持ちますから、「**i = 2 + 3**」という式も**5**という値を持ちます。代入式では、左辺に代入される値がその式の値になります。

たとえば、

i に5を代入しています。
同時にこの式は5という値を持ちます

```
int i;
int j = (i = 2 + 3) * 2;
```

と記述すると、変数**j**には**10**が代入されます（変数**i**には**5**が代入されます）。式は必ず値を持つのです。

ワン・モア・ステップ！

前置と後置

インクリメント演算子を使って、変数の値を1増やすには、

```
i++;  // (1)
```

のように記述しますが、

```
++i; // (2)
```

と記述することもできます。

KEYWORD
●後置
●前置

(1) のように、**++**の記号を変数の後ろに置く書き方を後置（こうち）といい、(2) のように変数の前に置く書き方を前置（ぜんち）といいます。どちらも、変数の値を1だけ増やします。

ところが、

```
j = i++; // (3)
```

と、

```
j = ++i; // (4)
```

のように、インクリメント演算子を代入演算と組み合わせた場合には、前置と後置で結果が異なるので注意が必要です。(3) では、変数**j**に変数**i**の値が代入された後に、**i**の値が1だけ増えます。つまり、

```
j = i;
i = i + 1;
```

と同じ結果になります。

一方で、(4) では i の値が1増えた後で、その結果が j に代入されます。つまり、

```
i = i + 1;
j = i;
```

と同じ結果になります。

この違いを知らずに、インクリメント演算と代入演算を組み合わせたプログラムコードを書くと、意図しない結果になることがあります。慣れるまでは、2つの命令文に分けるのがよいでしょう。

なお、デクリメント演算子（--）でも同様です。

登場した主なキーワード

- **演算子**：+や-など、演算を行うための記号。
- **オペランド**：演算子による演算の対象となるもの。
- **式**：演算子とオペランドの組み合わせで表現される、値を持つもの。
- **算術演算子**：加減乗除などの演算を行う記号。
- **インクリメント**：値を1増やすこと。
- **デクリメント**：値を1減らすこと。

まとめ

- コンピュータに加減乗除などの演算を行わせることができます。
- 掛け算は*、割り算は/の記号で表します。
- 算術演算子には優先順位があり、加算と減算（+と-）より乗算と除算（*と/）が優先されます。
- 変数の値を算術演算で変更する場合には、短縮表現を使って短く書くことができます。
- 変数の値を1だけ増やすときにはインクリメント演算子（++）、1だけ減らすときにはデクリメント演算子（--）が使えます。

2-4 型変換と文字列の扱い

学習のポイント

- 変数は、型によって大きさが異なります。
- 演算や代入を行うときには、型の大きさに注意しなくてはいけません。
- 文字列を表す型としてStringがあります。
- 文字列は加算演算子「+」を使って連結できます。

型の異なる値の代入

変数は「値の入れ物」ですが、その大きさは、変数に指定した型によって異なります。たとえば、**double**型は**int**型よりも大きな入れ物です（図❷-4）。

図❷-4 変数（入れ物）の大きさはint型とdouble型で異なる

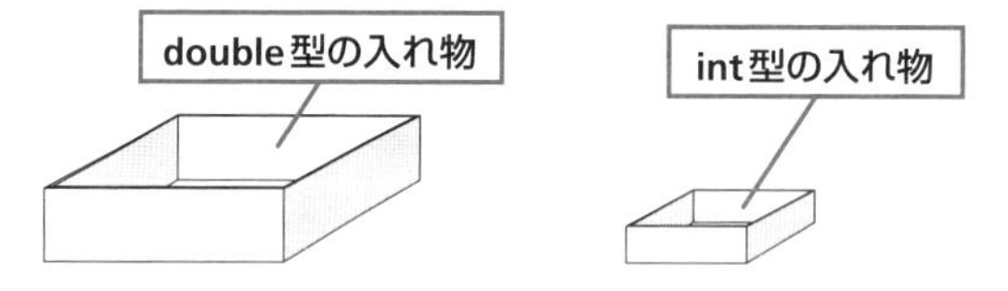

数値を表す型を大きい順に並べると、次のようになります。

```
double > float > long > int > short > byte
```

型が異なる変数を使って代入や演算を行うときには、型の大きさに注意しなければなりません。List❷-10のプログラムコードでは、小さな型（**int**型）の変数に大きな型（**double**型）の値を代入しようとしているため、コンパイルエラーが発生します。

List❷-10 02-10/TypeExample2.java

```
1: public class TypeExample2 {
2:     public static void main(String[] args) {
3:         double d = 9.8;    ← double型の変数dを値9.8で初期化します
4:         int i = d;    ← 小さな型（int型）の変数に大きな型（double型）の値を代入しようとしているので、コンパイルエラーになります
5:
```

```
6:          System.out.println("dの値は" + d);
7:          System.out.println("iの値は" + i);
8:      }
9: }
```

この問題を回避するには、大きな型の値を小さな型に強制的に変換する必要があります。具体的には4行目の、

```
int i = d;
```

を次のように書き換えます。

```
int i = (int)d;
```

このように、カッコの中に型名を記すことで、後に続く変数または式の値をカッコ内の型に変換できます。このことを型変換(かたへんかん)またはキャストといいます。

KEYWORD
- 型変換
- キャスト

上記のように書き換えたプログラムは、問題なくコンパイルできます。実行結果は次のようになります。

実行結果

```
dの値は9.8
iの値は9
```

iは整数値を格納する**int**型の変数なので、**9.8**の小数点以下が切り捨てられて**9**が代入されたことがわかります。四捨五入ではなく、切り捨てであることに注意しましょう。型の大きな値を型変換によって型の小さな変数に代入する場合、このように値の精度が落ちることになります。

なお、これとは逆に、大きな型の変数に小さな型の値を代入するのは問題ありません。次のプログラムコード（List❷-11）では、小さな型（**int**型）の値を大きな型（**double**型）の変数に代入していますが、問題なく実行できます。

List❷-11　02-11/TypeExample3.java

```
1: public class TypeExample3 {
2:     public static void main(String[] args) {
3:         int i = 10;   ←int型の変数iを10で初期化します
4:         double d = i;   ←大きな型(double型)の変数に小さな型の値を代入します
5:         System.out.println("iの値は" + i);
6:         System.out.println("dの値は" + d);
7:     }
8: }
```

実行結果

```
iの値は10
dの値は10.0
```

変数**i**と変数**d**に代入された値は同じですが、**i**は**int**型なので「**10**」と整数で、**d**は**double**型なので「**10.0**」と小数点つきでコンソールに出力されています。

異なる型を含む演算

型の異なる変数や値の間で演算を行った場合、最も大きい型に統一されて演算が行われます。次のプログラムコードでは、**int**型の変数**i**と**double**型の変数**d**で足し算を行っています。

```
int i = 5;
double d = 0.5;
System.out.println(i + d);
```

このときには、式**i + d**は**double**型の値として評価され、**5.5**がコンソールに出力されます。

整数どうしの割り算

同じ型の変数どうしの演算でも、整数の型どうしの割り算では意図しない結果となることがあるので注意が必要です。次のプログラムコードでは、**int**型の変数どうしで割り算をしています。

```
int a = 5;
int b = 2;
double c = a / b;
```

このとき、**a / b**は整数と整数の割り算（5÷2）なので、値は整数の**2**になります（正しい値は**2.5**ですが、**int**型どうしの演算なので、小数点以下が切り捨てられます）。その結果が変数**c**に代入され、変数**c**の値は**2.0**になります。

正しい値を変数**c**に代入するには、**int**型の**a**と**b**の前に**(double)**をつけて、**double**型に型変換する必要があります。

　次のプログラムコード（List❷-12）では型変換を行って、**int**型の変数どうしの割り算でも小数点を含む結果を得ています。

List❷-12　02-12/CastExample.java

```
1: public class CastExample {
2:     public static void main(String[] args) {
3:         int a = 5;
4:         int b = 2;
5:         double c = (double)a / (double)b;  ← 変数aとbをdouble型に型変換します
6:         System.out.println("cの値は" + c);
7:     }
8: }
```

実行結果

```
cの値は2.5
```

　int型の変数を**double**型に型変換することで、たしかに変数**c**には**2.5**という正しい値が代入されました。

String型

　これまでにも、文字列を出力するプログラムはいくつか見てきました。整数を**int**型の変数に代入できるのと同じように、文字列は**String**（ストリング）型の変数に代入することができます。**String**型は表❷-2で説明した型とは少しタイプの異なる特別な型です（注❷-12）。ただし、プログラムコードの中では、

KEYWORD
●String

注❷-12
詳しくは本書の実践編で説明します。

```
String s;  ← 変数sを宣言します
s = "こんにちは";  ← 変数sに値を代入します
```

というように、表❷-2で紹介した型と同じように扱うことができます。

　文字列を扱うプログラムコードはList❷-13のようになります。

List❷-13　02-13/StringExample.java

```
1: public class StringExample {
2:     public static void main(String[] args) {
3:         String message = "こんにちは。";
4:         System.out.println(message);
5:     }
6: }
```

実行結果

```
こんにちは。
```

`String`型の変数に文字列を代入するには、3行目のように文字列をダブルクォーテーション（"）で囲みます。List❷-13では、`message`という`String`型の変数に「こんにちは。」という文字列を代入しています。

また、`System.out.println`の中に`String`型の変数を書くことで、その文字列の内容を出力できます。

文字列の連結

KEYWORD

●＋

＋演算子を使うと、2つの文字列を連結して1つにできます。List❷-14は文字列の連結を使った例です。

List❷-14 02-14/StringExample2.java

```
1: public class StringExample2 {
2:     public static void main(String[] args) {
3:         String message1 = "こんにちは。";
4:         String message2 = "今日はよい天気ですね。";
5:         String message3 = message1 + message2;
6:         System.out.println(message3);
7:     }
8: }
```

実行結果

```
こんにちは。今日はよい天気ですね。
```

5行目の、

```
String message3 = message1 + message2;
```

という命令文で、`String`型の変数`message3`に、同じく`String`型の変数である`message1`と`message2`に格納されている文字列を連結した結果が代入されます。

キーボードからの入力を受け取る

これまでに説明してきたプログラムは、命令文に書かれた内容のとおりに出力を行うものでした。そのため、何度実行しても結果は同じです。キーボードからの入力を受け取って、その内容に応じて異なる出力にできれば、もっと楽しいプログラムを作ることができます。ここでは、キーボードからの入力を受け取るにはどのようにすればよいかについて説明します。しかしながら、その仕組みをしっかり理解するには、本書の後半および実践編の前半まで学習を進める必要があります。学習が進んでから、再びここの内容を振り返ってみてください。

注❷-13
Eclipseでは、コンソールにキーボードで入力を行います。

List❷-15は、キーボードから入力された文字列（注❷-13）を受け取り、その文字列を使った出力を行う例です。

List❷-15　02-15/InputExample.java

```
 1: import java.util.Scanner;
 2:
 3: public class InputExample {
 4:     public static void main(String[] args) {
 5:         Scanner in = new Scanner(System.in);
 6:         System.out.println("あなたのお名前は？");
 7:         String name = in.next();
 8:         System.out.println(name + "さん、こんにちは。");
 9:         in.close();
10:     }
11: }
```

コンソールに入力された文字列を受け取り、変数nameに代入します

コンソールからの受け取りを終了します

実行した結果は図❷-5のようになります。

Eclipseでは、文字が出力される場所であるコンソールで、キーボードからの入力も受け取ります。キーボードから入力した文字列は、緑色で表示されて出力と区別できるようになっています。

図❷-5　Eclipseのコンソールのようす

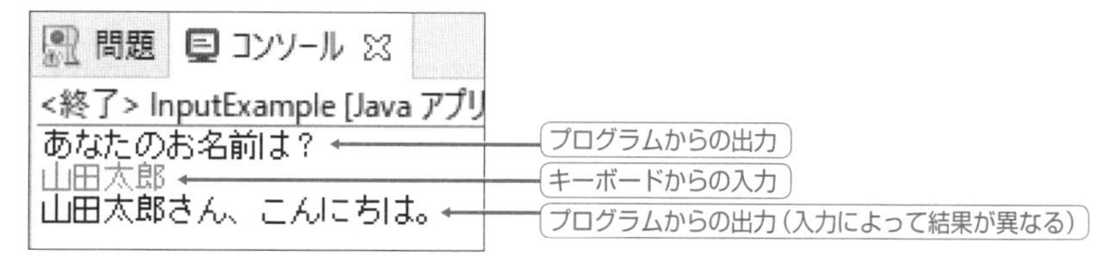

プログラムコードの冒頭に**import java.util.Scanner;**と記述し、**public static void main(String[] args) {**のすぐ後に**Scanner**

in = new Scanner(System.in); と記述すれば準備完了です。
後は、文字列を受け取りたい場所に、

```
String 変数名 = in.next();
```

と記述します。そうすると、コンソールに値が入力されるまで待機状態となります。コンソールで Enter キーが押されて入力が確定すると、その内容が変数に代入されます。
プログラムを終了する前には、受け取りを終了するための命令文である、

```
in.close();
```

を記述します。
文字列ではなく、整数を受け取りたい場合は、

```
int 変数名 = in.nextInt();
```

と記述し、小数点を含む値を受け取りたい場合は、

```
double 変数名 = in.nextDouble();
```

と記述します。
List❷-16は、三角形の底辺の長さと高さを受け取って、面積を出力するプログラムコードです。

List❷-16 02-16/InputExample2.java

```
 1: import java.util.Scanner;
 2: 
 3: public class InputExample2 {
 4:     public static void main(String[] args) {
 5:         Scanner in = new Scanner(System.in);
 6:         System.out.println("三角形の面積を計算します");
 7:         System.out.println("底辺の長さを入力してください");
 8:         double base = in.nextDouble();
 9:         System.out.println("高さを入力してください");
10:         double height = in.nextDouble();
11:         double area = base * height / 2.0;
12:         System.out.println("面積は" + area);
13:         in.close();
14:     }
15: }
```

コンソールに入力された小数点を含む値を受け取り、変数baseに代入します

コンソールに入力された小数点を含む値を受け取り、変数heightに代入します

三角形の面積（底辺×高さ÷2）を計算します

実行結果

```
三角形の面積を計算します
底辺の長さを入力してください
10.0  ←キーボードからの入力です
高さを入力してください
8.0  ←キーボードからの入力です
面積は40.0
```

登場した主なキーワード

- **型変換（キャスト）**：変数の型を変換すること。変換先の型名をカッコの中に記述します。たとえば**(int)d**と書くと、変数**d**を**int**型に変換できます。
- **String型**：文字列を表す型。

まとめ

- 変数は型によってその入れ物の大きさが違います。
- 小さい型の変数に大きな型の値は代入できないので、型変換が必要です。
- 異なる型どうしの計算では、大きな型に統一して計算されます。
- 整数どうしの割り算を行った場合、小数点以下の値は結果から切り捨てられるので注意が必要です。
- **String**型は文字列を表す型です。**int**型や**double**型と同じように、宣言や代入、参照を行えます。
- 文字列は加算演算子（**+**）を使って連結できます。

練習問題

2.1 次のプログラムコード（List❷-17）を作成して「5×0.5」を計算しようとしましたが、誤りがあるようです。どのように修正すべきでしょうか。

List❷-17　02-P01/Practice2_1.java

```
1: public class Practice2_1 {
2:     public static void main(String[] args) {
3:         x = 5 * 0.5;
4:         System.out.println("計算結果は " + x);
5:     }
6: }
```

2.2 次のプログラムコード（List❷-18）を実行した結果を示してください。

List❷-18 02-P02/Practice2_2.java

```
 1: public class Practice2_2 {
 2:     public static void main(String[] args) {
 3:         int i = 2;
 4:         int j = 5;
 5:         j *= i;
 6:         int k = j;
 7:         k /= 2;
 8:         System.out.println(k);
 9:     }
10: }
```

2.3 次の命令文を、加算代入（+=）、減算代入（-=）、乗算代入（*=）、除算代入（/=）、剰余代入（%=）、インクリメント（++）、デクリメント（--）の演算子を使って、短い表現に書き換えてください。

(1) `a = a + 5;`

(2) `b = b - 6;`

(3) `c = c * a;`

(4) `d = d / 3;`

(5) `e = e % 2;`

(6) `f = f + 1;`

(7) `g = g - 1;`

2.4 次のように記述して「7÷2」の計算をしたところ、計算結果が3.0と出力されました。

List❷-19 02-P04/Practice2_4.java

```
1: public class Practice2_4 {
2:     public static void main(String[] args) {
3:         int a = 7;
4:         int b = 2;
5:         double d = a / b;
6:         System.out.println(d);
7:     }
8: }
```

正しく3.5とコンソールに出力されるようにするには、どのように修正すればよいでしょうか。

第3章　条件分岐と繰り返し

条件分岐
論理演算子
処理の繰り返し
配列

この章のテーマ

本章では、条件に応じて処理の内容を切り替える方法や、同じ処理を繰り返させる方法など、特定の構文に従って、プログラムの処理の流れを制御する方法を学習します。また、複数の値をまとめて扱うのに便利な配列の使い方についても理解します。

3-1　条件分岐

- 条件式と真偽値
- if文
- 条件式と関係演算子
- if ～ else文
- 複数のif ～ else文
- switch文

3-2　論理演算子

- 論理演算子の種類
- 演算子の優先順位

3-3　処理の繰り返し

- 繰り返し処理
- for文
- forループ内で変数を使う
- 変数のスコープ
- while文
- do ～ while文
- ループ処理の流れの変更
- 無限ループ
- ループ処理のネスト

3-4　配列

- 1次元配列
- 多次元配列

3-1 条件分岐

学習のポイント

- 条件によって処理の内容を切り替える方法を学習します。
- 条件は真と偽のどちらかの値をとる式（条件式）で表現します。この式の値に基づいて、異なる処理を実行するようにできます。

条件式と真偽値

私たちが普段使用するプログラムでは、条件に応じて処理の内容を切り替える場面がたくさんあります。たとえば、「入力されたパスワードが正しければ次の処理に移り、そうでなければパスワードを再入力するための画面を表示する」というプログラムをよく目にします。このように、条件によって処理の内容を切り替えることを条件分岐（じょうけんぶんき）といいます。

具体的な例として、ある命令文を実行する条件が「変数**a**の値が**20**未満であること」だったとします。この場合、変数**a**の値が**30**であれば条件を満たさないので命令文は実行せず、変数**a**の値が**18**であれば条件を満たすので命令文を実行する、というように、変数**a**の値によって処理の内容が異なります。

「変数**a**の値が**20**未満であること」という条件は、プログラムコードでは「`a < 20`」という式で表すことができます。このように条件を表す式を条件式（じょうけんしき）といいます。この条件式では、変数**a**の値によって「条件を満たす」か「条件を満たさない」かのどちらかになります。

条件式の値は真偽値です。条件を満たす場合、式の値は**true**（真）になり、条件を満たさない場合、式の値は**false**（偽）になります。**true**と**false**は今後もよく出てくる重要なキーワードです。ここでしっかり覚えておきましょう。

KEYWORD
- 条件分岐
- 条件式

if文

編集部注：2022年4月1日より、成人年齢が18歳に引き下げられました。対応する場合は、プログラム中の値を変更してください。

「変数**age**（年齢）の値が**20**より小さい場合だけ"未成年ですね"という文字列をコンソールに出力する」というプログラムコードは、次のように書くことができます。

```
if (age < 20) {
    System.out.println("未成年ですね");
}
```

KEYWORD

●if

if(イフ)というキーワードは、条件に応じて処理の内容を切り替える文(if文)を作ります。if文の構文は次のとおりです。

構文❸-1 if文

```
if (条件式) {
    命令文    ← 条件式がtrueのときに実行されます
}
```

ifに続いて書いた条件式がtrueのとき(つまり、条件を満たすとき)にだけ、{}に囲まれたブロック内の命令文が実行されます。条件式がfalseのとき(つまり、条件を満たさないとき)には、命令文は実行されません。

ifは英語で「もしも」という意味を持つ単語です。ifを含むプログラムコードが出てきたら、

「**もしも**○○**ならば**××を実行する」

というように日本語に置き換えて読むと理解しやすいでしょう。○○が条件式、××が命令文に該当します。

次のプログラムコードは、ifを使った条件分岐の例です(List❸-1)。

List❸-1 03-01/IfExample.java

```
1: public class IfExample {
2:     public static void main(String[] args) {
3:         int age;        ← 変数age(年齢)という名前の変数を宣言します
4:         age = 18;       ← 変数ageに18を代入します
5:         if (age < 20) {
6:             System.out.println("未成年ですね");
7:         }    ← 変数ageの値が20より小さいときに実行されます
8:     }
9: }
```

実行結果

```
未成年ですね
```

このプログラムコードでは変数`age`の値が`18`なので、条件式`age < 20`の値は`true`になります。したがって、続くブロック内の「`System.out.println("未成年ですね");`」が実行されます。

4行目を`age = 30;`に変更すれば、条件式の値は`false`になり、ブロック内の命令文は実行されません。つまり、プログラムを実行してもコンソールには何も出力されません。

図❸-1は、この条件分岐が実行されるときの流れ図です。条件式の値（`true`か`false`）によって、処理の内容が切り替わることがわかると思います。

図❸-1 条件分岐の流れ図

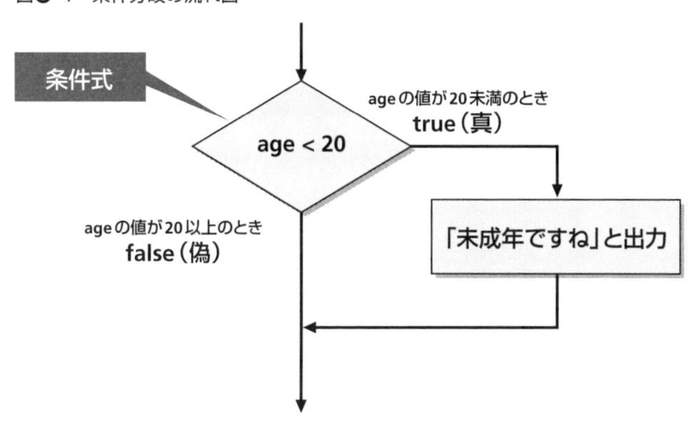

このように、条件によって処理がいくつかに枝分かれしていくことを、「処理の流れが分岐する」といいます。

条件式と関係演算子

KEYWORD
●関係演算子

条件分岐で書く条件式では、表❸-1に示す関係演算子（かんけいえんざんし）を使って2つの値を比較することがよくあります。その結果は`true`（真）か`false`（偽）のどちらか一方になります。`age < 20`の例で見たように「左辺の値が右辺より小さい」ことを表す演算子は「`<`」です。`2 < 3`は`true`ですが、`3 < 2`は`false`になります。

KEYWORD
- ==
- !=
- >
- <
- >=
- <=

表❸-1 関係演算子

演算子	説明	例
==	左辺と右辺が等しい	a == 1（変数aが1のときにtrue）
!=	左辺と右辺が等しくない	a != 1（変数aが1でないときにtrue）
>	左辺が右辺より大きい	a > 1（変数aが1より大きいときにtrue）
<	左辺が右辺より小さい	a < 1（変数aが1より小さいときにtrue）
>=	左辺が右辺より大きいか等しい	a >= 1（変数aが1以上のときにtrue）
<=	左辺が右辺より小さいか等しい	a <= 1（変数aが1以下のときにtrue）

変数ageの値が20と等しい場合にだけ命令文を実行するようにするには、関係演算子「==」を使って、条件式をage == 20とします。

次のように記述すれば、ageの値が20のときにだけ、「ご成人おめでとうございます」という文字列がコンソールに出力されます。

```
if (age == 20) {    ← 変数ageの値が20のときにtrueになります
    System.out.println("ご成人おめでとうございます");
}                    ↑ 変数ageの値が20のときに実行されます
```

左辺と右辺が等しいことを意味する関係演算子は、「=」を2つ並べた「==」であることに注意しましょう（「=」が1つだと代入を意味します）。

なお、左辺と右辺が等しくないことを意味する関係演算子は「!=」です。たとえば、age != 20と書けば、「変数ageが20ではないとき」という条件式になります。「!」はこれ以外にも登場する機会がありますが、いずれも「～でない」という否定を表す意味で使われます。

if～else文

KEYWORD
- else

if文の後ろにelse（エルス）を続けることで、条件を満たさない場合の処理を記述できるようになります。構文は次のとおりです。

構文❸-2 if～else文

```
if (条件式) {
    命令文1    ← 条件式がtrueのときに実行されます
} else {
    命令文2    ← 条件式がfalseのときに実行されます
}
```

条件式が`true`の場合には命令文1が実行され、条件式が`false`の場合には命令文2が実行されます。

`else`は英語で「そうでなければ」という意味を持つ単語です。`if`～`else`を含むプログラムコードが出てきたら、

「**もしも**○○**ならば**××を実行し、**そうでなければ**△△を実行する」

と日本語に置き換えて読むと理解しやすいでしょう。○○が条件式、××が命令文1、△△が命令文2に該当します。

次のプログラムコードは、`if`～`else`文を使用した例です（List❸-2）。

List❸-2 03-02/ElseExample.java

```
 1: public class ElseExample {
 2:     public static void main(String[] args) {
 3:         int age;
 4:         age = 20;
 5:         if (age < 20) {
 6:             System.out.println("未成年ですね");
 7:         } else {        ← 変数ageの値が20未満のときに実行されます
 8:             System.out.println("二十歳以上ですね");
 9:         }               ← 変数ageの値が20以上のときに実行されます
10:     }
11: }
```

実行結果

```
二十歳以上ですね
```

このプログラムでは、4行目で変数`age`の値を`20`としているので、条件式`age < 20`は`false`になります。結果として、`else`の後ろに書かれたブロック内の命令文が実行され、「二十歳以上ですね」とコンソールに出力されます。

なお、4行目の`age = 20;`を`age = 10;`に変えると、条件式が`true`になり、コンソールには「未成年ですね」と出力されます。

このように、`if`～`else`文を使うことで、変数の値によって実行される命令文を切り替えることができます。

複数のif ～ else文

`if`～`else`文は次のように連結して、処理の流れを複数に分岐させることができます。

構文❸-3 if～else文の連結

```
if (条件式1) {
    命令文1    ← 条件式1がtrueのときに実行されます
} else if (条件式2) {
    命令文2    ← 条件式1がfalseで条件式2がtrueのときに実行されます
} else {
    命令文3    ← 条件式1も条件式2もfalseのときに実行されます
}
```

1つ目の**else**のすぐ後ろに空白をはさみ、続けて**if**文を記述しています。この構文では、条件式1が**true**の場合は命令文1が実行されます。条件式1が**false**で条件式2が**true**の場合は命令文2が実行されます。条件式1も条件式2も**false**の場合にだけ命令文3が実行されます。つまり、命令文1、命令文2、命令文3のいずれか1つが必ず実行されることになります。

なお、この構文では**if～else**文を2つしか連結していませんが、実際にはいくつでも連結できます。

次のプログラムコードは、複数の条件分岐を含む処理の例です（List❸-3）。

List❸-3 03-03/ElseExample2.java

```
 1: public class ElseExample2 {
 2:     public static void main(String[] args) {
 3:         int age;
 4:         age = 20;
 5:         if (age < 4) {                              変数ageの値が4未満のときに実行されます
 6:             System.out.println("入場料は無料です"); ←
 7:         } else if (age < 13) {
 8:             System.out.println("子供料金で入場できます"); ←
 9:         } else {                                    変数ageの値が4以上13未満のときに実行されます
10:             System.out.println("大人料金が必要です"); ←
11:         }                                           変数ageの値が13以上のときに実行されます
12:     }
13: }
```

実行結果

```
大人料金が必要です
```

このプログラムでは変数**age**の値が**20**なので、**age < 4**と**age < 13**の両方の条件式が**false**になります。したがって、10行目の命令文が実行されることになります。

図❸-2は、このプログラムの処理の流れを図にしたものです。

図❸-2 List❸-3の処理の流れ

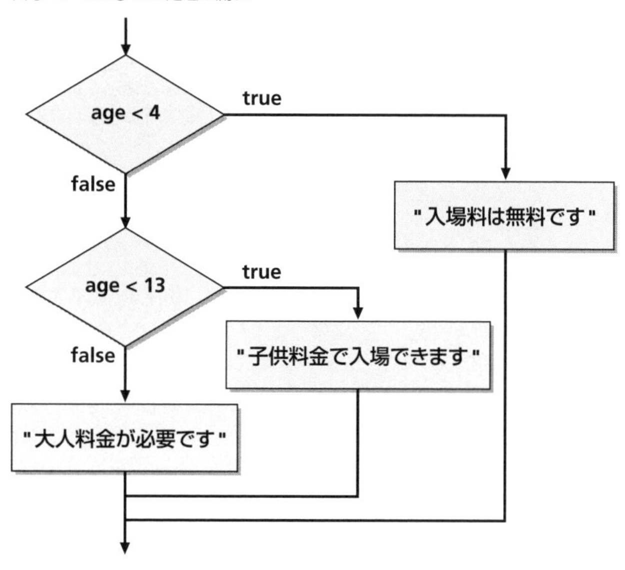

4行目で変数**age**に代入している値を変更した場合、処理の流れがどのように変化するかを考えてみると、理解がより深まるでしょう。

ワン・モア・ステップ!

if文の後の{}の省略

if文の後の命令文が1つだけの場合、{}を省略することができます。次の(a)と(b)のプログラムコードを実行したときの結果は同じです。

(a)

```
if (age >= 20)
    System.out.println("二十歳以上ですね");
```

(b)

```
if (age >= 20) {
    System.out.println("二十歳以上ですね");
}
```

しかし、次の2つは実行した結果が異なります。

(c)

```
if (age >= 20)
    System.out.println("二十歳以上ですね");
    System.out.println("お酒を飲んでも大丈夫ですね");
```

変数ageが20以上のときにだけ実行されます

変数ageの値によらず必ず実行されます

(d)

```
if (age >= 20) {
    System.out.println("二十歳以上ですね");
    System.out.println("お酒を飲んでも大丈夫ですね");
}
```

変数ageが20以上のときにだけ実行されます

(c)は**if (age >= 20)**の後に{}がないため、条件式の影響を受けるのは、それに続く1つの命令文だけです。2つ目の命令文は、条件式の値によらず必ず実行されます。一方、(d)は条件式が**true**の場合だけ、{}の中にある2つの命令文がともに実行されます。

{}のない**if**文では、(c)の例のように条件式の影響が及ぶ命令文と及ばない命令文があることに気をつける必要があります。うっかりミスをしてしまうことがあるので、慣れるまでは命令が1つの場合でも**if**文の後は{}で囲むようにするとよいでしょう。

switch文

条件に応じて、複数の処理のうち1つを選んで分岐させる場合、先ほど説明した**if～else**文を連結する方法を使えます。しかし、この方法では分岐先がたくさんあるときに大変です。式の値によって処理を切り替えたいときには、次のような**switch**(スイッチ)文を使うと、簡潔に記述できて便利です。

KEYWORD
● switch

構文❸-4 switch文

```
switch (式) {          ← switchブロックの始まり
case 値1:              ←「式」の値が「値1」と等しい場合、これ以降の命令が実行されます
    命令文1
    break;             ← switchブロックを抜けます
case 値2:              ←「式」の値が「値2」と等しい場合、これ以降の命令が実行されます
    命令文2
    break;             ← switchブロックを抜けます
case 値3:              ←「式」の値が「値3」と等しい場合、これ以降の命令が実行されます
    命令文3
    break;             ← switchブロックを抜けます
default:               ←「式」の値が「値1」～「値3」と等しくない場合、
    命令文4               これ以降の命令が実行されます
}                      ← switchブロックの終わり
```

KEYWORD
- case
- break
- default
- コロン（:）

switch文では「式」の値と等しい値が書かれているcase（ケース）があれば、その後に続く処理をbreak（ブレイク）が現れるまで続けます。break;という命令文が現れると、処理の流れはswitchブロックの外へジャンプして、残りの命令文は実行されません。構文❸-4のswitch文では、式の値が値1と等しい場合に命令文1が、値2と等しい場合には命令文2が、値3と等しい場合には命令文3が実行されます。それ以外の場合はdefault（デフォルト）以降に記された命令文4が実行されます。値やdefaultの後ろにコロン（:）をつけなくてはいけないことに注意しましょう。

if文の条件式で使える値は真偽値（trueかfalse）でしたが、switch文の「式」で使える値は1、2、3、……のような整数の値、char型の文字あるいは文字列です。小数点を含む数値などは使えません。

caseはいくつあってもかまいません。また、どの値にも一致しなかったときの処理を記述するdefaultは、必要なければ省略できます。

文章だと処理の流れをイメージするのが難しいので、図で確認してみましょう。命令文1の後ろにあるbreak;をわざとなくしてみたときの処理の流れは、図❸-3のようになります。break;が現れるまで処理が続けられるので、式の値が「値1」のときには「命令文2」も実行されます。式の値によって、処理の流れがどのように異なるか矢印で確認しましょう。

図❸-3 switch文による処理の流れの変化

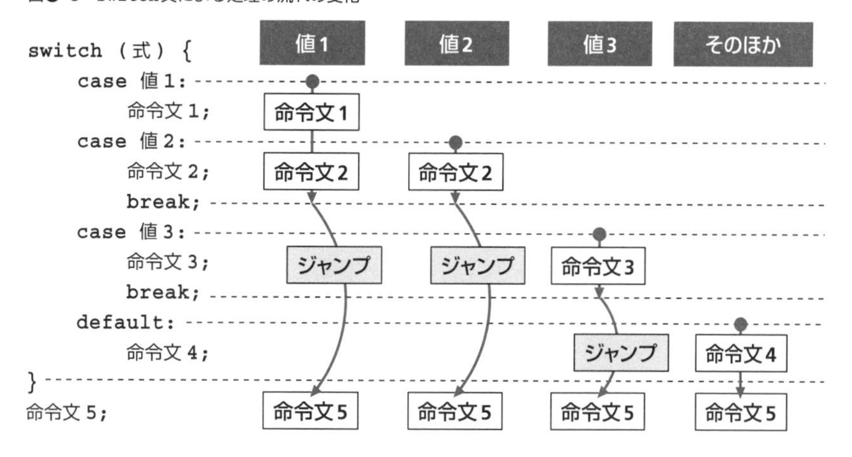

それでは、具体的な例を見てみましょう。次のプログラムでは、変数score（成績）の値によってコンソールに出力するメッセージを選んでいます（List❸-4）。

List❸-4 03-04/SwitchExample.java

```
 1: public class SwitchExample {
 2:     public static void main(String[] args) {
 3:         int score;
 4:         score = 3;
 5:         switch (score) {←変数scoreの値によって処理の場合分けをします
 6:         case 1:  ←変数scoreが1の場合、これ以降の命令が実行されます
 7:             System.out.println("もっと頑張りましょう");
 8:             break;  ←switchブロックを抜けます
 9:         case 2:  ←変数scoreが2の場合、これ以降の命令が実行されます
10:             System.out.println("もう少し頑張りましょう");
11:             break;  ←switchブロックを抜けます
12:         case 3:  ←変数scoreが3の場合、これ以降の命令が実行されます
13:             System.out.println("普通です");
14:             break;  ←switchブロックを抜けます
15:         case 4:  ←変数scoreが4の場合、これ以降の命令が実行されます
16:             System.out.println("よくできました");
17:             break;  ←switchブロックを抜けます
18:         case 5:  ←変数scoreが5の場合、これ以降の命令が実行されます
19:             System.out.println("大変よくできました");
20:             break;  ←switchブロックを抜けます
21:         default:  ←上記以外の場合、これ以降の命令が実行されます
22:             System.out.println("想定されていない点数です");
23:         }
24:         System.out.println("switchブロックを抜けました");
25:     }
26: }
```

実行結果

```
普通です
switchブロックを抜けました
```

変数**score**の値が**1**の場合は**case 1:**以降の命令文が実行され、**2**の場合には**case 2:**以降の命令文、という具合に処理が行われます。4行目で**score = 3;**としているので、実行したときには**case 3:**以降の命令文が実行されました。4行目を**score = 4;**に変更すると、実行結果は次のようになります。

実行結果

```
よくできました
switchブロックを抜けました
```

最後にもう1つ、**switch**文の例を見てみましょう。

```
switch (score) {
case 1: ←─ 変数scoreが1の場合、これ以降の命令が実行されます
case 2: ←─ 変数scoreが2の場合、これ以降の命令が実行されます
    System.out.println("もっと頑張りましょう");
    break; ←─ switchブロックを抜けます
case 3: ←─ 変数scoreが3の場合、これ以降の命令が実行されます
case 4: ←─ 変数scoreが4の場合、これ以降の命令が実行されます
case 5: ←─ 変数scoreが5の場合、これ以降の命令が実行されます
    System.out.println("合格です");
    break; ←─ switchブロックを抜けます
default: ←─ 上記以外の場合、これ以降の命令が実行されます
    System.out.println("想定されていない点数です");
}
```

switch文では**break;**が現れるまで処理が続けられるので、このプログラムでは、変数**score**の値が**1**あるいは**2**のときに、「もっと頑張りましょう」とコンソールに出力されます。また、変数**score**の値が**3**、**4**、**5**のいずれかのときには「合格です」と出力されます。

登場した主なキーワード

- **条件式**：条件を満たすか判断するための式。**true**または**false**の値（真偽値）をとります。
- **関係演算子**：右辺と左辺の関係を判別する演算子（表❸-1参照）。
- **if文**：**if**（条件式）**{ }**という構文で、条件式が**true**のときに**{ }**内の命令文を実行します。
- **if～else文**：**if**（条件式）**{ } else { }**という構文で、条件式が**true**のときに最初の**{ }**内の命令文を実行します。条件式が**false**のときには**else**の後ろにある**{ }**内の命令文を実行します。
- **switch文**：**switch**（式）**{ }**という構文で、式の値に応じて処理を振り分けるのに使用します。
- **case**：**switch**文で、条件に応じた命令文の開始点に記述します。
- **default**：**switch**文で、どの**case**にも当てはまらない場合に実行される命令文の開始点に記述します。
- **break**：**switch**文でブロックを抜けるのに使用します。

まとめ

- 「条件を満たす」「条件を満たさない」の判断に用いる式を条件式といいます。その値は、条件を満たす場合には**true**（真）、満たさない場合には**false**

（偽）になります。

- 右辺と左辺が等しいことを表す関係演算子は「**==**」、等しくないことを表す関係演算子は「**!=**」です。
- **if**文、**if**～**else**文を使うと、条件式の真偽値で処理を切り替えられます。
- **switch**文を使うと、式の値に応じた処理の振り分けを簡潔に記述できます。
- **switch**文では、**case**で指定する値に応じて処理の開始点を振り分けられます。**break;**が現れるまで処理が続けられます。

ワン・モア・ステップ！

3項演算子

実際のプログラムでは、条件式に応じて変数に代入する値を切り替えることがよくあります。次のプログラムコードは**int**型の変数**a**と**b**のうち、大きいほうの値を変数**c**に代入します。

```
int c;
if (a > b) {
    c = a;      ← 変数aの値が変数bより大きい場合、変数cに変数aの値を代入します
} else {
    c = b;      ← 変数aの値が変数bより大きくない場合、変数cに変数bの値を代入します
}
```

プログラムでは、このような「条件式の真偽に応じて値を切り替える」処理がよくあります。Java言語には、これを短く書くことのできる3項演算子（こうえんざんし）が用意されています。3項演算子を使った式は次のように記述します。

KEYWORD
●3項演算子

構文❸-5 3項演算子

```
条件式 ? 値1 : 値2
```

条件式が**true**の場合、この式全体の値が「値1」になり、条件式が**false**の場合は「値2」になります。この3項演算子を使用すると、先ほどのプログラムコードは次のように1行で簡潔に記述できます。

```
int c = (a > b) ? a : b;
```

3項演算子は扱いに慣れるとプログラムコードを短く記述できて便利です（**if**～**else**文でも同じことが記述できるので、無理に使う必要はありません）。

3-2 論理演算子

学習のポイント

- 論理演算子を使うと、複数の条件の組み合わせを表現できます。
- 演算子には評価の優先順位があります。

論理演算子の種類

「変数aの値が10である」という条件式は、

```
a == 10
```

と書くことができました。それでは、「変数aが10で、かつ変数bが5であること」や、「変数aが10であるか、または変数bが5であること」のように、複数の条件を組み合わせた条件式を書きたいときにはどうすればよいのでしょうか。

このときには、表❸-2に示す論理演算子（ろんりえんざんし）を使用します。

KEYWORD
●論理演算子

KEYWORD
●&&
●||
●^
●!

表❸-2 論理演算子

演算子	演算の名前	式がtrueになる条件	使用例
&&	論理積	左辺と右辺の両方がtrueのとき	a > 0 && b < 0 (変数aが0より大きく、かつbが0より小さい場合にtrue)
||	論理和	少なくとも左辺と右辺のどちらかがtrueのとき	a > 0 || b < 0 (変数aが0より大きい、または変数bが0より小さい場合にtrue)
^	排他的論理和	左辺と右辺のどちらかがtrueで他方がfalseのとき	a > 0 ^ b < 0 (変数aが0より大きく、かつbが0より小さくない場合にtrue。またはaが0より大きくなく、かつbが0より小さい場合にtrue)
!	否定	右辺がfalseのとき（左辺はなし）	!(a > 0) (変数aが0より大きくない場合にtrue)

論理演算子を使うことで、「変数aが10で、かつ変数bが5であること」は「a == 10 && b == 5」と記述できます。「変数aが10であるか、または変数bが5であること」は「a == 10 || b == 5」と記述できます。

論理演算子を使った例として、入場料が「13歳未満または65歳以上は無料」である施設で、年齢（age）に対して料金が必要かどうかの判断を画面に出力するプログラムを見てみましょう（List❸-5）。

List❸-5 03-05/LogicalSumExample.java

```
 1: public class LogicalSumExample {
 2:     public static void main(String[] args) {
 3:         int age;
 4:         age = 20;
 5:         if (age < 13 || age >= 65) {
 6:             System.out.println("入場料は無料です。");
 7:         } else {
 8:             System.out.println("料金が必要です。");
 9:         }
10:     }
11: }
```

変数ageの値が13未満または65以上のときに実行されます

変数ageの値が13以上でかつ65未満のときに実行されます

実行結果

```
料金が必要です。
```

4行目でage = 20;としているので、(age < 13 || age >= 65)という条件式（変数ageが13より小さい、または変数ageが65以上）の値はfalseになり、elseブロックの命令文が実行されます。

さらに、論理演算子を複数使うことで、より複雑な条件式を作ることができます。たとえば、

```
age > 13 && age < 65 && age != 20
```

とすれば、「変数ageが13より大きく、かつ65より小さく、かつ20でない」という条件を表すことができます。このように論理演算子を使うと、条件式をいくつでも組み合わせられます。

演算子の優先順位

突然ですが、次の式はどのような値を持っているでしょう。

```
a + 10 > b * 5
```

この式で使われているのは、算術演算子の+と*、関係演算子の>です。問題は、どの演算子から評価するかです。+と*では*を先に評価するのは数学と同じです。それでは、+や*と>ではどちらを先に評価すべきなのでしょうか？

演算子には評価の優先順位が決まっていて、プログラムではその順位に従って処理が行われます。算術演算子と関係演算子では、算術演算子のほうが高い優先順位を持ちます。したがって、先ほどの式は`a + 10`の値と`b * 5`の値が関係演算子>によって比較され、全体では`true`と`false`のどちらかの値（真偽値）となります。カッコ()を使って、

```
(a + 10) > (b * 5)
```

としても意味は同じです。処理の内容を理解しやすいので、プログラムコードを書くときには、このように右辺と左辺をそれぞれカッコで囲んだほうがよいでしょう。

また、関係演算子と論理演算子では、関係演算子のほうが高い優先順位を持っています。そのため、

```
a > 10 && b < 3
```

という条件式は、`a > 10`という条件式と`b < 3`という条件式の論理積（変数`a`が`10`より大きく、かつ変数`b`が`3`より小さい）になります。これもカッコを使用して、

```
(a > 10) && (b < 3)
```

と書くほうがわかりやすいでしょう。

これまでに学んできた演算子の優先順位をまとめると、表❸-3のようになります。種類が多いので、ここですべての順位を覚えられないかもしれませんが大丈夫です。カッコを使って、評価される順番をプログラムコードの中で明示すればよいのです。

表❸-3 演算子の優先順位

優先順位	演算子
高い	変数++、変数--
↑	++変数、--変数、!
	(型) ※キャスト
	*、/、%
	+、-
	<、>、<=、>=
	==、!=
	^
	&&
	||
↓	?: ※3項演算子
低い	=、+=、-=、*=、/=、%=

登場した主なキーワード

- **論理演算子**：複数の条件を組み合わせるために使用する演算子。

まとめ

- 論理演算子を使うことで、複数の条件の組み合わせを表現できます。
- 左辺と右辺の両方が`true`（真）であることを条件にするには、論理積（`&&`）を使います。
- 左辺と右辺の少なくとも一方が`true`（真）であることを条件にするには、論理和（`||`）を使います。
- すべての演算子の間には、評価の優先順位があります。プログラムコードを見やすくするためにも、先に処理すべき演算はカッコ`()`で囲むようにします。

3-3 処理の繰り返し

学習のポイント

- ループ構文を使用すると、同じ処理を繰り返す命令を簡単に記述できます。
- ループ構文には for 文、while 文、do ～ while 文があります。

繰り返し処理

プログラムでは、ある処理を何度も繰り返し実行したいことがよくあります。これから学習する **for** 文、**while** 文、**do**～**while** 文を使うと、繰り返しの処理を簡単に記述できます。

たとえば、1から100までの数を全部足し合わせた結果を求めるプログラムで、**1 + 2 + 3 +** ……と続けて **100** まで足し合わせる式を書いていては大変です。このような処理も、ここで学習する繰り返し処理の命令を使うことで、簡単に実現できます。

for文

KEYWORD
- for

決まった回数だけ処理を繰り返し実行したいときには、**for**（フォー）文が使えます。次のプログラムコードでは、**System.out.println("こんにちは");** という命令文が5回実行されます。

```
for (int i = 0; i < 5; i++) {
    System.out.println("こんにちは");
}
```

この **for** 文は、次のような構文になっています。

構文❸-6 for文

```
for (最初の処理; 条件式; 命令文の実行後に行う処理) {
    命令文
}
```

for文では、まず「最初の処理」が実行されます。これが実行されるのは、最初の一度きりです。次に「条件式」が評価されます。条件式の値がtrueである限り、ブロック内の命令文は繰り返し実行されます。

ブロック内の命令文が実行されると、今度は「命令文の実行後に行う処理」が実行されます。そして、再度「条件式」が評価されます（「最初の処理」はもう実行されません）。もし「条件式」がfalseになったら、この時点でfor文の実行は終了です。trueのままであれば、for文の実行は続きます。

最初に例として紹介した、

```
for (int i = 0; i < 5; i++) {
    System.out.println("こんにちは");
}
```

が実行されるときのようすを、構文と比較しながら追ってみましょう。

①最初の処理

int i = 0 …… 変数iを0で初期化します。

②条件式

i < 5 …… 変数iの値が5より小さい場合には命令文を実行し、5以上の場合はfor文の実行を終了します。

③命令文

System.out.println("こんにちは"); …… ブロック内の命令文を実行します。

④命令文の実行後に行う処理

i++ …… 変数iの値を1増やします。

⑤繰り返し

②に戻ります。

このfor文の処理の流れを図にすると、図❸-4のとおりです。

図❸-4 for文による繰り返し処理の流れ

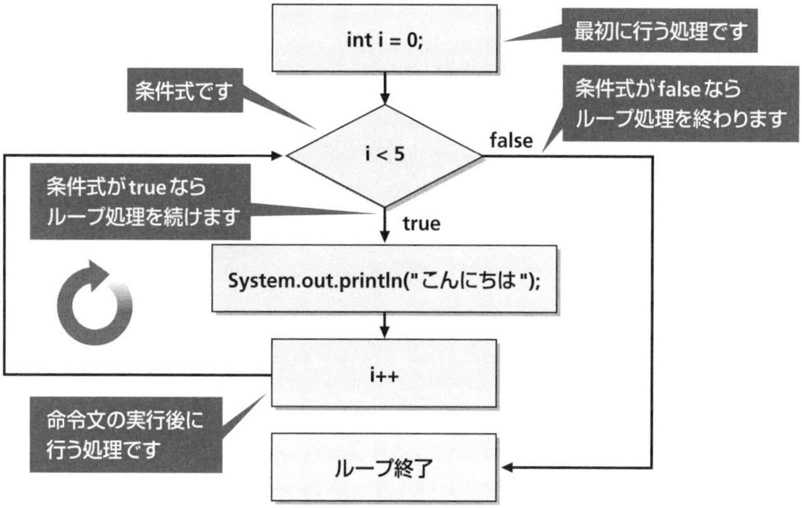

int i = 0;
最初に行う処理です
条件式です
i < 5
false
条件式がfalseなら
ループ処理を終わります
条件式がtrueなら
ループ処理を続けます
true
System.out.println("こんにちは");
i++
命令文の実行後に
行う処理です
ループ終了

変数**i**の値は初めは**0**で、命令文が1回行われるたびに**1**ずつ増えます。同じ命令を5回繰り返し、変数**i**の値が**5**になると、条件式**i < 5**の値が**false**になるので、繰り返し処理を終了します。

このように処理の流れを順番に追うと、同じところをグルグルまわっている（ループしている）ように見えます。そのため、このような繰り返し処理はループ処理と呼ばれます。また、**for**文によるループ処理は**for**ループと呼ばれます。

KEYWORD
●ループ処理
●forループ

次のプログラムコードは、**for**文を使用した例です（List❸-6）。

List❸-6 03-06/ForExample.java

```
1: public class ForExample {
2:     public static void main(String[] args) {
3:         for (int i = 0; i < 5; i++) {
4:             System.out.println("forループ内の処理です。");
5:         }
6:         System.out.println("ループ処理を終わりました。");
7:     }
8: }
```

ループします

「変数iの値を0から1ずつ増やし、5より小さい間は処理を続ける」ということを意味します

実行結果

```
forループ内の処理です。
forループ内の処理です。
forループ内の処理です。
forループ内の処理です。
forループ内の処理です。
ループ処理を終わりました。
```

実行結果を見ると、for文のブロック内に記述されている、

```
System.out.println("forループ内の処理です。");
```

という命令文が5回繰り返されたことを確認できます。for文の内部では、変数iの値が0、1、2、3、4のときにループ処理が実行され、5になった時点でループを抜け出しています（注❸-1）。

3行目の記述を、

```
for (int i = 0; i < 10; i++) {
```

に変更すると、ループ処理は10回繰り返されます。ここでは、変数の名前をiにしていますが、変数の名前は自由に決められます。たとえば3行目を次のようにしても、結果は同じです。

```
for (int k = 0; k < 5; k++) {
```

注❸-1
変数iの値が5になったときには、for文のブロックにある命令文は実行されません。

forループ内で変数を使う

List❸-6ではfor文の「最初の処理」で、

```
int i = 0;
```

と変数iを0で初期化していました。for文のブロックの中では、この変数iの値を参照することができます。変数iの値は0から1ずつ増えていくので、何回目の繰り返し処理であるかを確認する値として使用できます。

それでは、for文のブロックの中で、「最初の処理」で宣言した変数を参照するプログラムの例を見てみましょう（List❸-7）。

List❸-7　03-07/ForExample2.java

```
 1: public class ForExample2 {
 2:     public static void main(String[] args) {
 3:         int sum = 0;
 4:         for (int i = 1; i <= 100; i++) {
 5:             sum += i;
 6:             System.out.println(i + "を加えました");
 7:         }
 8:         System.out.println("合計は" + sum + "です");
 9:     }
10: }
```

変数sumを宣言し、0を代入します
ループします
変数sumに変数iの値を足します
変数iの値を1から1ずつ増やし、処理を繰り返します。iの値が101になったらループを抜けます
変数sumの値を出力します

実行結果

```
1を加えました
2を加えました
3を加えました
…（中略）…
99を加えました
100を加えました
合計は5050です
```

このプログラムでは、forループによって変数iの値を1から100まで変化させつつ、iの値を変数sumに足し合わせています。

なお、4行目のfor文で「条件式」が「i < 100」ではなく「i <= 100」であることに注意しましょう（注❸-2）。変数iの値が100のときにはブロック内の命令文が実行され、101になった時点でforループを抜けます（このときのiの値は足されません）。

最終的に、変数sumには1から100までの値を足し合わせた結果が代入されます。

注❸-2
命令文を実行する条件式をi < 100にすると、変数iが100になったタイミングでループ処理を抜けるため、99までの値しか足し合わされません。

変数のスコープ

変数は、扱える範囲が決まっています。あるブロックの中で宣言した変数は、そのブロックの中だけで参照したり代入したりできます。ブロックの外側では扱えません。

変数の扱える範囲をスコープといいます。変数のスコープは、変数の宣言が行われた場所から、そのブロックの終わりまでです。このように、ブロック内だけで代入したり参照したりできる変数のことをローカル変数（へんすう）（あるいは局所変数（きょくしょへんすう））といいます。

KEYWORD
- スコープ
- ローカル変数
- 局所変数

図❸-5は、List❸-7のプログラムコードに出てくる変数のスコープを表した

ものです。変数**sum**のスコープは（a）で示した範囲、変数**i**のスコープは（b）で示した範囲です。この範囲を超えて変数を参照すると、コンパイルエラーになります。

図❸-5 変数のスコープ

```
public class ForExample2 {
    public static void main(String[] args) {
        int sum = 0;
        for (int i = 1; i <= 100; i++) {
            sum += i;
            System.out.println(i + "を加えました");
        }
        System.out.println("合計は" + sum + "です");
    }
}
```


内側のブロック（**for**文のブロック）の中では、外側のブロックで宣言された変数**sum**を参照できている点に注意してください。内側のブロックは外側のブロックの中にあるので、外側のブロックで宣言された変数も参照できるのです。逆に、内側のブロックで宣言された変数を、その外で参照することはできません。

Java言語のプログラムコードは、幾重にもかさなった（ネストした）多数のブロックで構成されます。そのため、プログラミングの際には、変数のスコープに注意を払う必要があります。「内側のブロックで宣言された変数は参照できない。外側のブロックで宣言された変数は参照できる」という原則を、しっかり覚えておきましょう。

while文

KEYWORD
●while

while（ホワイル）文は、**for**文と同じように命令を繰り返し実行させる目的で使います。次の**while**文を使ったプログラムコードは、「こんにちは」という文字列をコンソールに出力する処理を5回繰り返します。

```
int i = 0;
while (i < 5) {
    System.out.println("こんにちは");
    i++;
}
```

while文と**for**文では、記述の仕方（構文）が異なりますが、同じ目的に使用できます。どちらを使用するかは好みによります。

while文の構文は次のとおりです。

構文❸-7 while文

```
while (条件式) {
    命令文
}
```

まず「条件式」が評価され、これが**true**であれば{}に囲まれたブロック内の命令文が実行されます。その後、再び「条件式」が評価されます。この繰り返し処理（whileループ）は、「条件式」を評価した結果が**false**になった時点で終わります。

KEYWORD
●whileループ

次のプログラムコードは、**while**文を使って**5**から**1**までカウントダウンをします（List❸-8）。

List❸-8 03-08/WhileExample.java

```
1: public class WhileExample {
2:     public static void main(String[] args) {
3:         int i = 5;
4:         while (i > 0) {
5:             System.out.println(i);
6:             i--;
7:         }
8:     }
9: }
```

変数iを宣言し、5を代入します
変数iが0より大きいか評価し、大きい場合は{}の中の処理を行います
変数iの値を1減らします
ループします

実行結果

```
5
4
3
2
1
```

まず、**while**文より前（3行目）で変数**i**を**5**で初期化しています。続いて**while**文により「変数**i**が0より大きい」という条件を満たす間は、それに続くブロック内の処理を繰り返します。この処理は「変数**i**の値を出力し、その後で**i**の値を**1**減らす」というものです。これにより、変数**i**の値は5から**1**ずつ減り、0になった時点で**i > 0**という条件式が**false**になるのでループを抜けます。

次のように書けば、**while**文ではなく**for**文でも同じことを行えます。

```
for (int i = 5; i > 0; i--) {
    System.out.println(i);
}
```

もう一度**for**文を実行したときの処理の流れを確認しておきましょう。変数**i**の値が5から1ずつ減っていき、条件式**i > 0**が**true**でなくなった時点（**i**の値が0になった時点）でループを抜けます。

do～while文

KEYWORD
●do～while

do～while（ドゥ ホワイル）文は、これまでに出てきた**for**文、**while**文と同じように、処理を繰り返す目的で使います。次の**do～while**文を使ったプログラムコードは、「こんにちは」という文字列をコンソールに出力する処理を5回繰り返します。

```
int i = 0;
do {
    System.out.println("こんにちは");
    i++;
} while (i < 5);
```

do～while文の構文は次のとおりです。

構文❸-8　do～while文

```
do {
    命令文
} while (条件式);
```

while文と似ていますが、ブロック内の命令文を実行してから条件式が評価される点が異なります（注❸-3）。つまり、条件式が最初に**true**でも**false**でも、必ず1回はブロック内の命令文が実行され、その後で条件式が評価されます。条件式が**true**の場合は命令文を繰り返し、**false**の場合は**do～while**（ドゥ ホワイル）ループを抜けます。

注❸-3
while文では、処理を行う前に条件式が評価されます。

KEYWORD
●do～whileループ

次のプログラムコードは、**do～while**文の使用例です。上記の**do～while**構文と見比べてみましょう（List❸-9）。

List❸-9 03-09/DoWhileExample.java

```
1: public class DoWhileExample {
2:     public static void main(String[] args) {
3:         int i = 5;          ← 変数iを宣言し、5を代入します
4:         do {
5:             System.out.println(i);
6:             i--;           ← 変数iの値を1減らします
7:         } while (i > 0);   ← 変数iが0より大きいか評価し、大きい場合はdo{}の中の処理を行います
8:     }
9: }
```

（4〜7行目：ループします）

実行結果

```
5
4
3
2
1
```

このプログラムコードは、**while**文を使っているList❸-8と同じ処理を行います。最初に変数**i**を**5**で初期化し、続く**do**〜**while**文で「変数**i**の値を出力し、その後で**i**の値を**1**減らす」という処理を行います。その後、「変数**i**が**0**より大きい」という条件を満たす間は、**do**に続くブロック内の命令文を繰り返し実行します。これにより、変数**i**の値は**5**から**1**ずつ小さくなっていき、**0**になった時点で**while**文の条件式が**false**になってループを抜けます。

このように、**while**文と同じ処理を**do**〜**while**文でも記述できます（**for**文でも記述できます）。ただし、先ほども述べたように**do**〜**while**文では、まずブロック内の命令文を1回実行してから条件式の評価を行います。**while**文を使っているList❸-8では、変数**i**の値が初めから**0**であった場合、ブロック内の命令文は1回も実行されませんが、**do**〜**while**文を使っているList❸-9では1回だけ実行されます。この点に注意しましょう。

ループ処理の流れの変更

for文、**while**文、**do**〜**while**文のいずれのループでも、ループ処理を中断したり、ループ内の命令文をスキップ（実行を省略）したりできます。

■ループの処理を中断する「break」

KEYWORD
●break

ループのブロックの中で**break**（ブレイク）を使うと、ループ処理の途中であっても強制的にブロックから抜けます。**switch**文で登場した**break;**と同様に、{}で囲

まれたブロックの外側にジャンプします。

たとえば、次のList❸-10は、List❸-7と同じように1から順に変数iの値を変数sumに加算していますが、sumの値が20を超えた時点でbreak;によってループを抜けています。

List❸-10 03-10/BreakExample.java

```
 1: public class BreakExample {
 2:     public static void main(String[] args) {
 3:         int sum = 0;
 4:         for (int i = 1; i <= 10; i++) {
 5:             sum += i;
 6:             System.out.println("変数sumに" + i + "を加えました。➡
                sumは" + sum);
 7:             if (sum > 20) {
 8:                 System.out.println("合計が20を超えました。");
 9:                 break;
10:             }
11:         }
12:     }
13: }
```

変数sumの値が20を超えたらforループを強制的に抜けます

➡は紙面の都合で折り返していることを表します。

実行結果

```
変数sumに1を加えました。sumは1
変数sumに2を加えました。sumは3
変数sumに3を加えました。sumは6
変数sumに4を加えました。sumは10
変数sumに5を加えました。sumは15
変数sumに6を加えました。sumは21
合計が20を超えました。
```

4行目のfor文には、変数iが1から10までの間ループを繰り返すように記述されていますが、実行結果からは、合計値が20を超えた時点(iの値が6になった時点)でforループが終了したことを確認できます。このように、breakを使うことで、ループ処理を中断することができます。

■ループ内の処理をスキップする「continue」

KEYWORD
●continue

ループのブロックの中でcontinue(コンティニュー)を使うと、ループの中の残りの命令文をスキップして、繰り返しの次の回に移ります。

List❸-11はcontinueを使用したプログラムコードの例です。1から10までの整数のうち、奇数だけを足し上げていきます。

List❸-11　03-11/ContinueExample.java

```
 1: public class ContinueExample {
 2:     public static void main(String[] args) {
 3:         int sum = 0;
 4:         for (int i = 1; i <= 10; i++) {
 5:             if (i % 2 == 0) {
 6:                 continue;
 7:             }
 8:             sum += i;
 9:             System.out.println("変数sumに" + i + "を加えました。➡
            sumは" + sum);
10:         }
11:     }
12: }
```

i % 2 == 0がtrueの場合、以降の処理をスキップして次の繰り返し処理に移ります

➡は紙面の都合で折り返していることを表します。

実行結果

```
変数sumに1を加えました。sumは1
変数sumに3を加えました。sumは4
変数sumに5を加えました。sumは9
変数sumに7を加えました。sumは16
変数sumに9を加えました。sumは25
```

このプログラムコードでは、**for**文によって変数**i**の値を変数**sum**に加算しますが、

```
i % 2 == 0
```

の条件式が**true**の場合には、**continue;**によって、変数**sum**に変数**i**の値を加える処理がスキップされます。**%**は剰余を求める演算子（第2章の表❷-4を参照）ですから、**i % 2**は変数**i**を2で割った余りを表します。この値が**0**の場合、上の条件式は**true**になります。つまり、変数**i**の値が**2**で割り切れる（偶数である）場合には、それ以降の、

```
sum += i;
System.out.println("変数sumに" + i + "を加えました。sumは" + sum);
```

の2行がスキップされ、次の繰り返し処理に移ることになります。**for**文では変数**i**が**1**から**10**までの間ループを繰り返すように記述されていますが、**i**が偶数の場合には、この変数**sum**に**i**の値を加算する処理がスキップされるわけです。

無限ループ

次のwhile文を見てください。

```
int i = 0;
while (i < 5) {
    System.out.println("こんにちは");
}
```

「こんにちは」という文字列はコンソールに何回出力されるでしょうか？while文の中で変数iの値が変化しないため、i < 5はずっとtrueのままで、決してfalseになることはありません。

このようなwhile文を作成すると、延々と「こんにちは」という文字列をコンソールに出力し続ける、終わりのないループになってしまいます。このような終わりのないループのことを無限（むげん）ループといいます。

KEYWORD
●無限ループ

繰り返し処理の命令を記述するときには、いつかは必ず処理が終わるように注意する必要があります。この場合はwhileブロックの中へ、i++;のように変数iの値を増やす命令を入れる必要があります。誤って無限ループを含むプログラムを実行してしまった場合、強制的にプログラムを終わらせなければなりません。

メモ

Eclipse上で、誤って無限ループを含むプログラムを実行してしまった場合は、［コンソール］ビューの［終了］ボタン（画面❸-1）を押しましょう。プログラムを強制終了できます。WindowsのコマンドプロンプトL上で実行した場合はCtrl＋Cキーを押します。

画面❸-1 Eclipseでプログラムを強制終了する［終了］ボタン

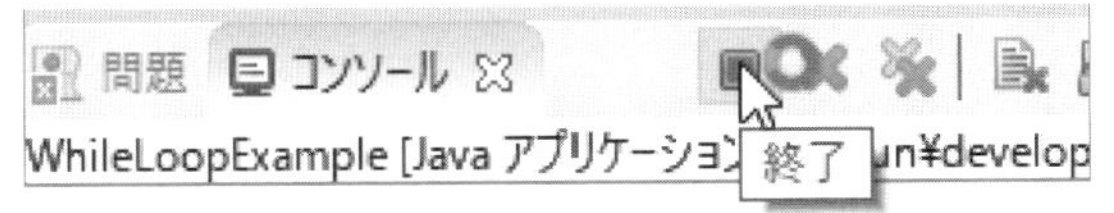

KEYWORD
●ネスト

ループ処理のネスト

ループ処理の中には、さらに別のループ処理を含めることができます。これをループ処理のネストといいます。

次のプログラムコードでは、変数**a**の値を1ずつ増やす**for**ループの中に、変数**b**の値を1ずつ増やす**for**ループが含まれています（List❸-12）。

List❸-12　03-12/NestExample.java

```
 1: public class NestExample {
 2:     public static void main(String[] args) {
 3:         for (int a = 1; a <= 3; a++) {          ← 外側のループ
 4:             System.out.println("a = " + a);
 5:             for (int b = 1; b <= 3; b++) {      ← 内側のループ
 6:                 System.out.println("   b = " + b);
 7:             }
 8:         }
 9:     }
10: }
```

実行結果

```
a = 1
   b = 1
   b = 2     内側のループ
   b = 3
a = 2
   b = 1
   b = 2     内側のループ     外側のループ
   b = 3
a = 3
   b = 1
   b = 2     内側のループ
   b = 3
```

外側のループの処理（変数**a**の値を**1**から**3**まで増やす処理）の中に内側のループの処理（変数**b**の値を**1**から**3**まで増やす処理）が含まれています。実行結果から、内側のループ処理が終わると、外側のループ処理が次に進むことを確認できます。

このような**for**ループのネストを用いることで、次のプログラムコードのようにして九九の表を出力できます（List❸-13）。

List❸-13　03-13/TimesTable.java

```
 1: public class TimesTable {
 2:     public static void main(String[] args) {
 3:         for (int i = 1; i <= 9; i++) {
 4:             for (int j = 1; j <= 9; j++) {
 5:                 int value = i * j;
 6:                 System.out.print(i + "×" + j + "=" + value);
 7:                 System.out.print("  ");
 8:             }
 9:             System.out.println("");
10:         }
11:     }
12: }
```

内側のループ（4〜8行目）、外側のループ（3〜10行目）

実行結果

```
1×1=1  1×2=2  1×3=3  1×4=4  1×5=5  1×6=6  1×7=7  1×8=8  1×9=9
2×1=2  2×2=4  2×3=6  2×4=8  2×5=10  2×6=12  2×7=14  2×8=16  2×9=18
3×1=3  3×2=6  3×3=9  3×4=12  3×5=15  3×6=18  3×7=21  3×8=24  3×9=27
4×1=4  4×2=8  4×3=12  4×4=16  4×5=20  4×6=24  4×7=28  4×8=32  4×9=36
5×1=5  5×2=10  5×3=15  5×4=20  5×5=25  5×6=30  5×7=35  5×8=40  5×9=45
6×1=6  6×2=12  6×3=18  6×4=24  6×5=30  6×6=36  6×7=42  6×8=48  6×9=54
7×1=7  7×2=14  7×3=21  7×4=28  7×5=35  7×6=42  7×7=49  7×8=56  7×9=63
8×1=8  8×2=16  8×3=24  8×4=32  8×5=40  8×6=48  8×7=56  8×8=64  8×9=72
9×1=9  9×2=18  9×3=27  9×4=36  9×5=45  9×6=54  9×7=63  9×8=72  9×9=81
```

外側のループで変数**i**の値を**1**から**9**まで1ずつ増やし、その中のループで変数**j**の値を**1**から**9**まで増やしています。内側のループの処理では、変数**i**と変数**j**の値を組み合わせた文字列を作り、1×1から9×9まで81個の掛け算を出力しています。

ワン・モア・ステップ！

System.out.printfの活用

次の命令文によって、変数**i**、**d**、**s**の値をコンソールに出力して確認できます。

```
int i = 99;
double d = 0.1;
String s = "Java";
System.out.println("iの値は" + i + ", dの値は" + d + ", ➡
sの値は"+s);
```

➡は紙面の都合で折り返していることを表します。

実行結果

```
iの値は99, dの値は0.1, sの値はJava
```

注❸-4
小数点を含む数値に対しては、出力される桁数が異なる場合があります。「**%.桁数f**」と記述することにより、小数点以下何桁目まで出力するかを制御できます。たとえば「**%.2f**」と記述すれば、小数点以下2桁まで出力されます。

最後の命令文のカッコの中は、**"**と**+**の記号が何度も登場して、少しごちゃごちゃした感じです。この命令文を次のように変更しても同じ結果となります（注❸-4）。

```
System.out.printf("iの値は%d, dの値は%f, sの値は%s%n", i, d, s);
```

System.out.printfは、文字列に埋め込まれた記号（**%d**、**%f**、**%s**）を、その後ろに並べた変数の値で置き換え、その結果を出力するのです。**%d**は整数、**%f**は小数点を含む数、**%s**は文字列に対応します。

上の命令文では、**"iの値は%d, dの値は%f, sの値は%s%n"**という文字列の中の記号**%d**、**%f**、**%s**が、それぞれ、カンマで区切って並べた変数**i**、**d**、**s**の値に置き換わります。**%n**は改行に置き換えられます。**%n**の代わりに、改行を表すエスケープシーケンス**\n**を使用してもかまいませんが、**%n**はプラットフォームに依存しない改行を表すため、こちらを使用することを推奨します。**System.out.printf**を使用するための構文は次のとおりです。

構文❸-9 System.out.printfの使い方

```
System.out.printf(記号を埋め込んだ文字列, 最初の記号と置き換える値, ➡
2番目の記号と置き換える値, 3番目の記号と置き換える値……)
```

➡は紙面の都合で折り返していることを表します。

文字列の中に、いくつかの変数の値を埋め込んで出力する場合には**System.out.println**よりも**System.out.printf**のほうが、プログラムコードをすっきり書くことができて便利です。

登場した主なキーワード

- **for文**：**for (最初の処理; 条件式; 命令文の実行後に行う処理) { }**という構文で、**{ }**内の処理を繰り返し実行します。
- **while文**：**while (条件式) { }**という構文で、**{ }**内の処理を繰り返し実行します。
- **do～while文**：**do { } while (条件式);**という構文で、**{ }**内の処理を繰り返し実行します。
- **スコープ**：変数を扱える範囲。
- **ループ処理のネスト**：ループ処理の中にループ処理が含まれること。

まとめ

- **for**文、**while**文、**do～while**文を使用することで、同じ処理を繰り返し実行する命令を記述できます。
- **break**を使用すると、条件式の評価を行わずにループ処理から強制的に抜けることができます。
- **continue**を使用すると、ブロックの残りの処理をスキップして次の繰り返しに移ることができます。
- 変数には、値の代入や参照が行える範囲（スコープ）が決まっています。
- ループ処理の中にループ処理を入れることができます。これを「ループ処理のネスト」といいます。

3-4 配列

学習のポイント

- 配列は値を格納する入れ物が複数並んだものです。同じ型の変数を一度にたくさん扱う場合に、配列を使うと便利です。
- 配列の中に配列を入れた、多次元配列というものがあります。

1次元配列

プログラムの中では、たくさんの値をまとめて扱うことがよくあります。しかし、100人分のテストの点数を扱うときに、100個の変数を宣言して、それぞれに値を代入するとしたら大変です。このような場合には、複数の値を格納できる配列(はいれつ)を使うと便利です（注❸-5）。

注❸-5
Javaには、配列以外にも、たくさんの値をまとめて扱うための仕組みが備わっていて、それを「コレクションフレームワーク」といいます。コレクションフレームワークの使い方は、実践編で説明します。

同じ型の入れ物を1列に並べたものを、1次元配列(じげんはいれつ)といいます。図❸-6は`int`型の1次元配列のイメージを表したものです。図にある5つの入れ物に、1つずつ値を格納することができます。それぞれの入れ物のことを、配列の要素(ようそ)といいます。

KEYWORD
- 配列
- 1次元配列
- 要素

図❸-6 配列のイメージ

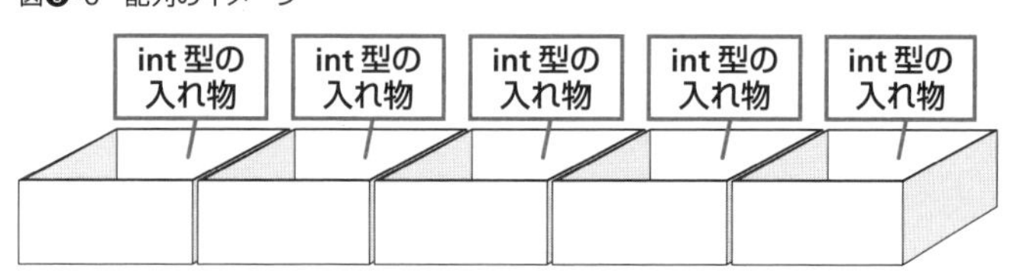

配列を使用するには、次の2つの手順が必要になります。

- ステップ① 配列を表す変数を準備する（配列を宣言する）
- ステップ② 要素（入れ物）を作成する（要素を確保する）

この手順は次の2つの構文で行います。

構文❸-10 配列の宣言と要素の確保

```
型名[] 変数名;
変数名 = new 型名[要素の数];
```

配列を表す変数は、これまでに学習してきた変数と扱い方が異なるので注意が必要です。配列は、new（ニュー）というキーワードを使って要素を確保して、初めて使用できるようになります。変数へは、そうして使用可能になった配列を代入します。

KEYWORD
●new

例として、テストの得点を5つ格納するための配列を作成してみます。配列の名前はscoresとします（注❸-6）。得点はint型で表せるので、次のように記述します。

注❸-6
複数の値を扱うという意味で、配列の名前は末尾に「s」をつけて複数形にしておくことをおすすめします。後でプログラムコードを見たときに、配列を表す変数であることが理解しやすくなります。

```
int[] scores;
scores = new int[5];
```

1行目では、int型の配列を表す変数scoresを宣言しています。2行目では、5つ分の要素を確保したint型の配列を、変数scoresへ代入しています。

これら2つの命令文は、次のように1行にまとめて書くこともできます。

```
int[] scores = new int[5];
```

この1行で、「配列の宣言」と「要素の確保」という2つの手順が行われます。

こうして宣言した変数scoresが表す配列には、int型の値を5つ入れることができます。ここでは例として、5回分のテストの得点「50、55、70、65、80」をこの配列の要素に入れることにします。配列の各要素に値を代入するには、次のように書きます。

```
scores[0] = 50;
scores[1] = 55;
scores[2] = 70;
scores[3] = 65;
scores[4] = 80;
```

KEYWORD
●インデックス
●添え字

[]の中には、配列の何番目の要素であるかを示すインデックス（添え字（そえじ））を指定します。インデックスは0から始まります。配列の要素の数が5の場合、0から4の値をインデックスに指定できます。つまり、配列のインデックスは0から「配列の要素の数-1」までになります。この範囲を超えるインデックスは使用できません。たとえば、先ほどの変数scoresが表す配列に対して

scores[5]やscores[6]などを使おうとすると、使用できる範囲を超えているので実行時にエラーが発生します。

List❸-14は、配列を使ったプログラムコードの例です(注❸-7)。

注❸-7
プログラムファイル名にあるArrayは配列を意味します。

List❸-14　03-14/ArrayExample.java

```
 1: public class ArrayExample {
 2:     public static void main(String[] args) {
 3:         int[] scores;                  ← int型の配列を表す変数scoresを宣言しています
 4:         scores = new int[5];           ← 配列の要素を5つ確保します
 5:         scores[0] = 50;
 6:         scores[1] = 55;
 7:         scores[2] = 70;                } 0から始まるインデックスを使って要素を指定し、値を代入します
 8:         scores[3] = 65;
 9:         scores[4] = 80;
10:
11:         for (int i = 0; i < 5; i++) {
12:             System.out.println(scores[i]);   } ループ処理で各要素の値を出力します
13:         }
14:     }
15: }
```

実行結果

```
50
55
70
65
80
```

実行結果からは、配列の宣言と要素の確保をした後には、インデックスで要素を指定して値の代入と参照を行えることが確認できます。このプログラムの中で使われる配列のイメージは図❸-7のとおりです。

図❸-7　変数scoresが表す配列のイメージ

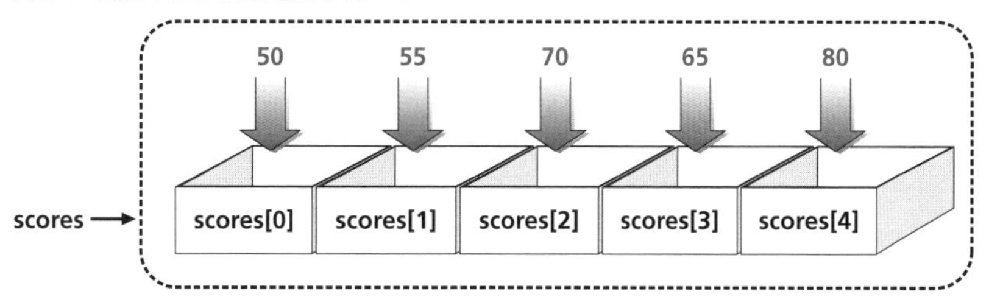

List❸-14では、配列の宣言をして要素を確保し、各要素に値を代入するまでを別々の命令文で実行しました。これらの処理は次のように1行で記述することもできます。この処理を配列の初期化(はいれつ しょきか)といいます。

KEYWORD
●配列の初期化

```
int[] scores = {50, 55, 70, 65, 80};
```

KEYWORD

- 参照
- .length

なお、ここまでわかりやすいように変数**scores**は配列を表しているといってきましたが、「変数**scores**は配列を参照（さんしょう）している」が正確な説明です。図❸-7でも、変数**scores**が要素が5つ並んだ入れ物の列（配列）を参照しています。参照については5-3節で詳しく説明しますので、ここでは、**scores**という変数が、要素の並びを指し示しているのだと理解してください。

配列を参照している変数に「**.length**（レングス）」とつけると、その配列に含まれる要素の数を知ることができます。たとえば、

```
int n = scores.length;
```

と記述すると、変数**scores**が参照している配列の要素数5が変数**n**に代入されます。これを利用してList❸-14を書き直すと、List❸-15のようなプログラムコードになります。

List❸-15 03-15/ArrayExample2.java

```
1: public class ArrayExample2 {
2:     public static void main(String[] args) {
3:         int[] scores = {50, 55, 70, 65, 80};
4:
5:         for (int i = 0; i < scores.length; i++) {
6:             System.out.println(scores[i]);
7:         }
8:     }
9: }
```

配列を5つの整数で初期化しています

配列の要素の数5が使用されます

実行結果

```
50
55
70
65
80
```

実行結果は同じですが、こちらのプログラムコードであれば、配列の要素の数を増やしたり減らしたりするときに、3行目を修正するだけで済みます。配列と**for**文などのループ処理との相性は抜群なのです。

多次元配列

複数の値を格納できる変数を1次元配列といいました。Java言語では2次元、またはそれ以上の多次元配列（たじげんはいれつ）を扱うことができます。ここでは、2次元配列について説明します。

KEYWORD
●多次元配列

2次元配列は、図❸-8のように横に並んだ入れ物の列が、さらに縦にも並んだものとして表すことができます（注❸-8）。

注❸-8
ここまでに学んだ知識だけで多次元配列を理解するのは、少し難しいかもしれません。5-3節で「参照」を学習してから、再びこちらの説明を見直してみてください。きっと、最初より理解しやすいはずです。

図❸-8 2次元配列のイメージ

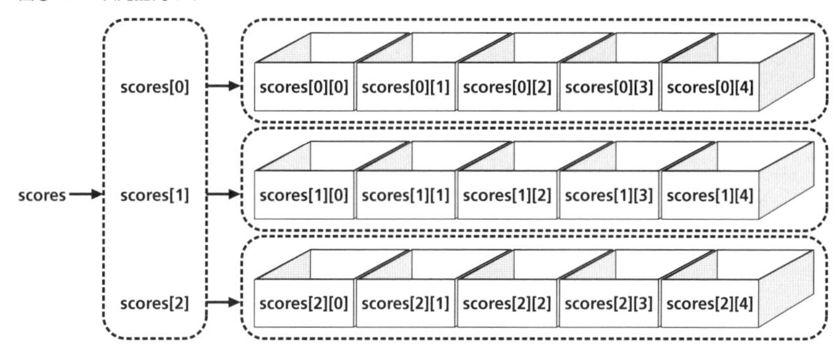

たとえば、「毎年テストが5回行われていて、その過去3年分の得点を記録したい」というときには、図❸-8のように「5つの要素を持つ配列が3つ並んだ2次元配列」を使うと便利です。

2次元配列を使う場合にも、配列の宣言と要素の確保が必要です。図❸-8のような2次元配列を作るには、次のように記述します。

```
int[][] scores;  ←2次元配列の宣言を行います
scores = new int[3][5];  ←要素数5の配列が3つ並んだ2次元配列の要素を確保します
```

2次元配列は、次のようにして初期化することもできます。

```
int[][] scores = { {50, 55, 70, 65, 80},
                   {60, 77, 90, 73, 55},
                   {66, 85, 76, 95, 98}
};
```

このように書くと、2次元配列とは配列の中に配列が入っているものであることがよくわかるのではないでしょうか。つまり、2次元配列とは「配列の配列」なのです。

2次元配列の要素を参照するときには、

```
System.out.println(scores[1][2]);
```

というように、2つのインデックスを使って参照する要素を指定します。参照できるインデックスは0から要素の数-1までなので、この例では**scores[0][0]**～**scores[2][4]**で表される15個の要素を参照できることになります(注❸-9)。

注❸-9
1番目のインデックスには0、1、2の3つの値を指定でき、2番目のインデックスには0、1、2、3、4の5つの値を指定できます。

ところで、2次元配列を参照している変数に**.length**をつけたら、どんな値が返ってくるのでしょうか。図❸-8をもう一度見てみましょう。変数**scores**が直接参照している配列の要素は3つです。そのため、**scores.length**の値は3になります。また、その各要素は「5つの要素を持つ配列」を参照しています。そのため、**scores[0].length**、**scores[1].length**、**scores[2].length**の値はいずれも5になります。

ワン・モア・ステップ！

いびつな多次元配列

2次元配列は配列の中に配列を入れたものでした。実は、中に入れる配列の要素数が全部同じである必要はありません。そのため、次のような配列もできます。

```
int[][] array = { {80},
                  {70, 65},
                  {85, 55, 90, 85, 70} };
```

このとき、変数**array**が直接参照している配列の要素は3つなので、**array.length**の値は3になります。一方で、**array[0].length**の値は1、**array[1].length**の値は2、**array[2].length**の値は5です。

実際のプログラムでは、要素数の異なる2次元配列を扱うことはそれほどありません。理解するのが難しいと思ったら、「そのようなものがある」ということだけを覚えて学習を先に進めましょう。

KEYWORD

●Math.random()

ワン・モア・ステップ！

乱数を使う

これまでに説明したプログラムコードは、何度実行しても毎回同じ結果が出力されます。しかし、じゃんけんゲームや、すごろくゲームのように、実行するたびに違う結果となるプログラムを作りたい場合があります。そのときは、`Math.random()`と書くことで、0以上1未満の乱数（毎回異なるランダムな値）を得ることができます。

次の命令文を実行すると、毎回違う値が出力されます。

```
double d = Math.random();
System.out.println("dの値は" + d);
```

0以上1未満という値は、そのままでは使いにくいので、たとえば次のような命令文にすることで、変数iの値を1から6のランダムな整数にできます。

```
int i = (int)(Math.random()*6) + 1;
```

`Math.random()`の値を6倍することで、0以上6未満の値になります。それを`(int)`という記述で`int`型にキャストすることで、0から5の間の整数になります。最後に1を加えることで、1から6の間の整数になるのです。

次のプログラムコードでは、グー、チョキ、パーのいずれかが、毎回ランダムに出力されます。

```
public class RandomExample {
    public static void main(String[] args) {
        String[] janken = ➡
        {"グー", "チョキ", "パー"};   ← 3つの要素を持つString型の配列の宣言と初期化をしています
        int i = (int)(Math.random()*3);   ← 0,1,2のいずれかの値がiに代入されます
        System.out.println(janken[i]);   ← グー、チョキ、パーのいずれかが出力されます
    }
}
```

➡は紙面の都合で折り返していることを表します。

登場した主なキーワード

- **配列**：同じ型の値を入れる「入れ物」を並べたもの。
- **配列の要素**：値を入れるそれぞれの入れ物のこと。
- **インデックス**：配列の要素を参照するときに指定する番号。0から始まります。
- **多次元配列**：要素の中に配列を入れた配列の総称。

まとめ

- 配列を使うことで、同じ型の値を複数まとめて管理できます。
- 配列を使うには、配列の宣言と要素の確保という2つの手順が必要です。
- 配列の要素はインデックスを使って参照できます。インデックスは0から「要素数-1」までです。
- 配列を参照している変数名の後ろに`.length`をつけると、配列に含まれる要素の数を取得できます。
- 2次元配列は多次元配列の1つで、配列の中に配列を入れたものです。

練習問題

3.1　関係演算子を使って次の条件を表現してください。

例：aはbより大きい → `a > b`

(1) aはbと等しい
(2) aはbと等しくない
(3) bはcより小さい
(4) aはb以下である
(5) cはb以上である

3.2　List❸-16のプログラムコードにある空欄を埋めて、変数aの値が3で割り切れるときには「3で割り切れます」とコンソールに出力し、そうでないときには「3で割り切れません」とコンソールに出力するプログラムを完成させてください。

List❸-16　03-P02/Practice3_2.java

```
public class Practice3_2 {
    public static void main(String[] args) {
        int a = 2020;
        [          ]
    }
}
```

3.3　10から20までの和（10＋11＋……＋20）を計算して結果を出力するプログラムを作りましょう。ただし、for文を使った場合と、while文を使った場合の2つを作成してください。

3.4　次のようなswitch文では、変数iの値が1、2、3、4、5のとき、それぞれどのような出力結果が得られるか予測しましょう。

```
switch (i) {
case 1:
    System.out.println("A");
case 2:
    break;
case 3:
    System.out.println("B");
case 4:
default:
    System.out.println("C");
}
```

3.5　関係演算子と論理演算子を使って次の条件を表現してください。

例：aはbより大きく、cはdより小さい → (a > b) && (c < d)

(1)　aは5または8と等しい

(2)　aとcは両方ともb以下

(3)　aは1より大きくて10より小さいが、5ではない

(4)　aはbまたはcと等しいが、aとdは等しくない

3.6　テストの点数の分布が次のようになっていました。

0点：1人、1点：3人、2点：5人、3点：6人、4点：5人、5点：2人

これに基づき、次のような分布図を出力するプログラムコードを、List❸-17の空欄を埋めて完成させてください。

実行結果（分布図）

```
0:*
1:***
2:*****
3:******
4:*****
5:**
```

List❸-17　03-P06/Practice3_6.java

```
public class Practice3_6 {
    public static void main(String[] args) {
        int[] counts = {1, 3, 5, 6, 5, 2};
        for (int i = 0; i < [  (1)  ]; i++) {
            System.out.print(i + ":");
            for (int j = 0; j < [  (2)  ]; j++) {
                System.out.print("*");
            }
            System.out.println("");
        }
    }
}
```

第4章 メソッド（クラスメソッド）

メソッドとは
メソッドの引数
メソッドの戻り値
メソッドのオーバーロード

この章のテーマ

　命令文が増え、プログラムが長くなると全体の見通しが悪くなります。そこで、複数の命令文を1つにまとめ、名前をつけて管理することを考えましょう。Java言語では、メソッドによって、このことを実現できます。この章では、メソッドの宣言の仕方と使い方を学習します。

4-1　メソッドとは

- メソッドとは
- mainメソッド
- メソッドを呼び出すときの処理の流れ
- メソッドの記述場所
- メソッドの呼び出しの階層

4-2　メソッドの引数

- 引数とは
- 引数のあるメソッド
- 引数が複数あるメソッド
- mainメソッドの引数

4-3　メソッドの戻り値

- 戻り値とは
- 戻り値のあるメソッド

4-4　メソッドのオーバーロード

- 同じ名前を持つメソッド
- メソッドのオーバーロード
- オーバーロードができない場合

4-1 メソッドとは

学習のポイント

- 複数の命令文をまとめて、名前をつけたものを「メソッド」と呼びます。ここではメソッドの宣言の仕方と使い方を学習します。
- **main**メソッドは、プログラムの開始位置となる特別なメソッドです。

メソッドとは

これまでに作成したプログラムは、すべての命令文を**public static void main(String[] args)**の後ろの{ }の中に記述しました。しかし、この中にたくさんの命令文が含まれるようになると、次第に見通しが悪くなってきます。長い文章を書くときには、章や節に分けるのと同じように、長いプログラムが必要になるときには、命令文を分けて管理したほうが見通しがよくなります。

Java言語では、複数の命令文をまとめたものに名前をつけて管理できます。これをメソッドと呼びます。

KEYWORD
●メソッド

メモ

Java言語でのメソッドにはクラスメソッド（静的メソッド、**static**メソッドとも呼ばれます）とインスタンスメソッドの2種類がありますが、ここでは、クラスメソッドについて学習します。本章での「メソッド」という表記は、クラスメソッドを指します。インスタンスメソッドについては、第6章の6-2節で学習します。

メソッドは、次のような構文で記述します（注❹-1）。

注❹-1
先頭の**public**というキーワードはなくても問題ありません。**public**の意味と使い方については、実践編の第1章で学習します。

構文❹-1　メソッドの宣言

```
public static void メソッド名() {
    命令文
}
```

このようにしてメソッドを記述することを、メソッドを宣言するといいます。

メソッドの名前は自由につけることができますが、慣習として先頭の文字は小文字にします。メソッドにはいくつでも命令文を含めることができます。

次のプログラムコードは、5から0までの値をカウントダウンしながら出力する命令文を1つにまとめて、countdownという名前のメソッドとして宣言した例です。

```
public static void countdown() {
    System.out.println("カウントダウンをします");
    for (int i = 5; i >= 0; i--) {
        System.out.println(i);
    }
}
```

countdownという名前をつけています
メソッドの宣言がここから始まります
カウントダウンを実行するための命令文です
メソッドの宣言はここで終わります

このようにして作成した命令文のまとまりを実行するには、**countdown();** と記述するだけで済みます。これをメソッドの呼び出しまたはメソッドを呼び出すといいます。構文は次のようになります。

構文❹-2 メソッドの呼び出し

```
メソッド名();
```

それでは、実際にメソッドを用いたプログラムの例を見てみましょう。List❹-1は、countdownという名前のメソッドを宣言し、そのメソッドを呼び出す例です。

List❹-1 04-01/CallMethodExample.java

```
 1: public class CallMethodExample {
 2:     public static void countdown() {
 3:         System.out.println("カウントダウンをします");
 4:         for (int i = 5; i >= 0; i--) {
 5:             System.out.println(i);
 6:         }
 7:     }
 8:
 9:     public static void main(String[] args) {
10:         countdown();
11:     }
12: }
```

countdownという名前のメソッドの宣言です
カウントダウンを実行する命令文の集まりです
countdownという名前のメソッドを呼び出します

実行結果

```
カウントダウンをします
5
4
```

```
3
2
1
0
```

メソッドの宣言は、今まで命令文を記述してきた、

```
public static void main(String[] args) {  }
```

の中ではなくて、この外側に記述するということに注意しましょう。

このプログラムコードの9〜11行目を次のものに置き換えると、**countdown**メソッドにまとめられた命令文が、続けて2回実行されるようになります。

```
public static void main(String[] args) {
    countdown();   ← countdownという名前のメソッドを呼び出します
    countdown();   ← countdownという名前のメソッドを呼び出します
}
```

このように、ひとまとまりの命令に名前をつけてメソッドとして管理すると、その処理を繰り返し実行するときにも便利です。

mainメソッド

これまでのプログラムコードに毎回登場してきた**public static void main(String[] args)**という記述は、よく見てみると、105ページで示したメソッドの宣言と同じ構造をしています。**()**の中の**String[] args**という記述については、後ほど115ページで説明しますので、今は**public static void main(String[] args)**によって**main**という名前のメソッドを宣言しているのだ、ということを理解しましょう。つまり、これまでのプログラムはすべて「**main**メソッドの宣言をしていた」ということができます。

KEYWORD
●mainメソッド

Javaでは、プログラムが実行されるときに、この**main**メソッドがJava仮想マシンから呼び出されます。そのため、この**main**メソッドをプログラムの入り口として説明してきたのです。**main**メソッドは、プログラムの開始位置となる特別なメソッドです。

メソッドを呼び出すときの処理の流れ

メソッドの呼び出しを含む処理の流れを図に示すと、図❹-1のようになります。

図❹-1　メソッドを呼び出したときの処理の流れ

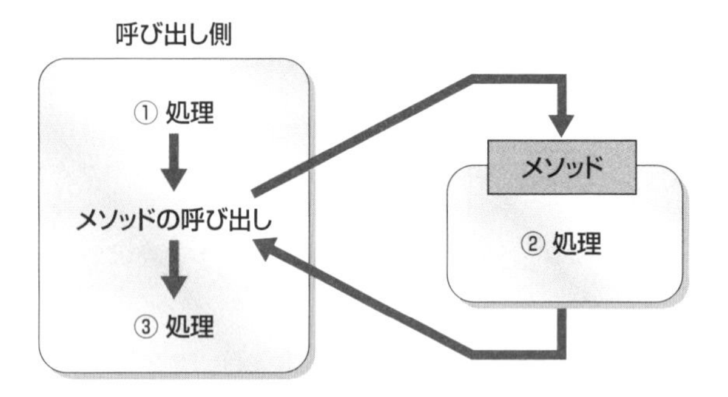

メソッドの呼び出しが行われるとき、プログラムコードの中の命令文が、どのような順番で実行されるか、次のプログラムコードを例に確認してみましょう。List❹-2は、メソッドの呼び出しの前後で、確認のメッセージを表示するようにしたものです。

List❹-2　04-02/CallMethodExample2.java

```
 1: public class CallMethodExample2 {
 2:     public static void methodA() {
 3:         System.out.println("methodAの内部の命令文です");
 4:     }
 5:
 6:     public static void main(String[] args) {
 7:         System.out.println("これからmethodAを呼び出します");
 8:         methodA(); ←── methodAという名前のメソッドを呼び出します
 9:         System.out.println("methodAの呼び出しが終わりました");
10:     }
11: }
```

実行結果

```
これからmethodAを呼び出します
methodAの内部の命令文です
methodAの呼び出しが終わりました
```

このプログラムでは、6行目の**public static void main(String[] args)**を入り口として、そこから下に向かって順番に命令文が実行されます（図❹-1の①）。その途中の8行目で**methodA**メソッドの呼び出しが行われると、処理の流れはメソッドの中に記述された3行目の命令文に移ります(図❹-1の②)。メソッドの中の命令文を実行し終えると、再び呼び出し側に戻って、9行目にある続きの命令文が実行されます(図❹-1の③)。

このように、途中でメソッド内の命令に処理が移りますが、全体を見ると処理の流れは途切れることなく命令を1つ1つ実行していることになります。

メソッドの記述場所

List❹-2では、**main**メソッドよりも先に**methodA**メソッドの宣言を記述していますが、クラスの宣言の中(**public class** クラス名 の後ろの{ }の中)であれば、メソッドをどのような順番で記述してもかまいません。また、メソッドはいくつでも記述できます。次のプログラムコードは、このことを示す例です。

```
public class CallMethodExample {
    public static void methodB() {  ← mainメソッドよりも前にmethodB
        (中略)                          というメソッドを宣言しています
    }

    public static void main(String[] args) {
        methodA();  ← methodAを呼び出します
        methodB();  ← methodBを呼び出します
    }

    public static void methodA() {  ← mainメソッドの後でmethodA
        (中略)                          というメソッドを宣言しています
    }
}
```

メソッドの呼び出しの階層

これまで、**main**メソッドからほかのメソッドを呼び出す例を見てきました。同様に、あるメソッドからさらに別のメソッドを呼び出すこともできます。List❹-3では、**main**メソッドから**methodA**を呼び出し、**methodA**から**methodB**を呼び出しています。

List❹-3 04-03/CallMethodExample3.java

```
 1: public class CallMethodExample3 {
 2:     public static void methodA() {
 3:         System.out.println("methodAが呼び出されました");
 4:         System.out.println("methodBを呼び出します");
 5:         methodB(); ←──methodBを呼び出します
 6:         System.out.println("methodBの呼び出しが終わりました");
 7:     }
 8: 
 9:     public static void methodB() {
10:         System.out.println("methodBが呼び出されました");
11:     }
12: 
13:     public static void main(String[] args) {
14:         System.out.println("methodAを呼び出します");
15:         methodA(); ←──methodAを呼び出します
16:         System.out.println("methodAの呼び出しが終わりました");
17:     }
18: }
```

実行結果

```
methodAを呼び出します
methodAが呼び出されました
methodBを呼び出します
methodBが呼び出されました
methodBの呼び出しが終わりました
methodAの呼び出しが終わりました
```

List❹-3の処理の流れを図に示すと、図❹-2のようになります。まず、**main**メソッドから**methodA**に処理が移り(図❹-2の①)、そこから**methodB**に処理が移ります(図❹-2の②)。**methodB**に記述された命令が実行されると、処理は**methodA**に戻り(図❹-2の③)、そこからさらに、**main**メソッドへと戻ってきます(図❹-2の④)。

図❹-2 メソッドの呼び出しの階層

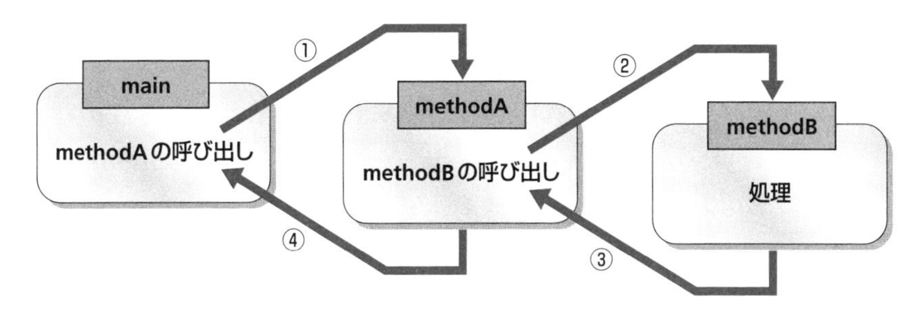

登場した主なキーワード

- **メソッド**：複数の命令文に名前をつけて管理したもの。
- **mainメソッド**：プログラムの開始位置となる特別なメソッド。

まとめ

- 複数の命令文のまとまりに名前をつけ、メソッドとして管理できます。
- 命令文をメソッドに分けて管理することで、全体の見通しをよくすることができます。
- メソッドはいくつでも作ることができ、メソッドからほかのメソッドを呼び出すこともできます。
- **public static void main(String[] args)** という記述は、プログラムの開始位置となる、**main** メソッドの宣言をしています。

4-2 メソッドの引数

学習のポイント

- メソッドには処理に必要な値を渡すことができます。
- メソッドには一度に複数の値を渡すこともできます。

引数とは

前節で示した`countdown`メソッドは、5からカウントダウンを始めるものでしたが、カウントダウンの始まりを10や3など、必要に応じて変更できると便利です。それには、`countdown`メソッドに対して始まりの値を伝える必要があり、また、メソッド側では指定された値を受け取る必要があります。

KEYWORD
●引数

このような目的を実現するために、メソッドを呼び出すときに値を渡すことができます。メソッドに渡される値のことを引数（ひきすう）といいます。そのようすを表したものが図❹-3です。

メソッドのほうに、引数を受け取るための変数を準備しておくと、メソッドを呼び出す側から、値を渡すことができます。

図❹-3 メソッドに引数を渡すことができる

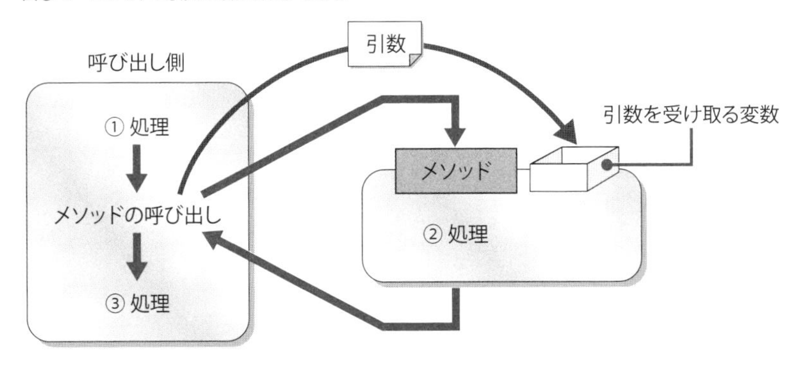

引数のあるメソッド

引数の受け渡しは、メソッド名の後ろの（ ）を使って行います。たとえば、**countdown**メソッドに3という値を渡し、メソッドは、この値をカウントダウンの始まりの値に使用するものとしましょう。この場合、**countdown**メソッドを呼び出すときに、次のように記述します。

```
countdown(3);
```

一方で、渡された値を受け取るために、**countdown**メソッド側では次のように記述します。

```
public static void countdown(int start) {
    (中略)
}
```

メソッド名の後ろの**( )**の中には**int start**と記述されています。これは、渡される値を**start**という名前の**int**型の変数で受け取ることを意味します。この値をカウントダウンの処理で使用すればよいのです。List❹-4では、引数で渡した値からカウントダウンを行っています。

List❹-4 04-04/CallMethodExample4.java

```
 1: public class CallMethodExample4{
 2:     public static void countdown(int start) {
 3:         System.out.println("メソッドが受け取った値:" + start);
 4:         System.out.println("カウントダウンをします");
 5:         for (int i = start; i >= 0; i--) {
 6:             System.out.println(i);
 7:         }
 8:     }
 9:
10:     public static void main(String[] args) {
11:         countdown(3);
12:         countdown(10);
13:     }
14: }
```

startという名前のint型の変数で値を受け取ります

startの値からカウントダウンを始めます

countdownメソッドを呼び出すときに、3を渡します

countdownメソッドを呼び出すときに、10を渡します

実行結果

```
メソッドが受け取った値:3
カウントダウンをします
3
2
```

```
1
0
メソッドが受け取った値:10
カウントダウンをします
10
9
(中略)
2
1
0
```

実行結果から、カウントダウンの始まりの値をメソッドの引数によって指定できたことを確認できます。

countdownメソッド内では、**start**という名前の変数を使用していますが、この変数を参照できるのは**countdown**メソッド内だけです。たとえば**main**メソッドの中のように、**countdown**メソッドの外側の場所からは参照できません。このように、プログラムの一部だけで利用できる変数をローカル変数と呼びます。

KEYWORD
●ローカル変数

引数が複数あるメソッド

メソッドには、一度に複数の引数を渡すことができます。メソッドを呼び出す側は、メソッド名の後ろの**()**の中に、カンマ(**,**)で区切って、必要なだけ値を並べます。

それに対して、メソッド側ではメソッド名の後ろの**()**の中に「引数の型 変数名」の組を、必要なだけカンマ(**,**)で区切って並べます。これを引数列(ひきすうれつ)といいます。

KEYWORD
●引数列

List❹-5は、カウントダウンの始まりの値と終了の値を**int**型の変数**start**と**end**で受け取るようにしたものです。つまり、**countdown**メソッドは2つの値を引数列として受け取るわけです。

List❹-5 04-05/CallMethodExample5.java

```
1: public class CallMethodExample5 {
2:     public static void countdown(int start, int end) {
3:         System.out.println("1つ目の引数で受け取った値:" + start);
4:         System.out.println("2つ目の引数で受け取った値:" + end);
5:         System.out.println("カウントダウンをします");
6:         for (int i = start; i >= end; i--) {
7:             System.out.println(i);
8:         }
9:     }
```

int型の値を2つ受け取ります

startの値から始めて、endの値になるまでカウントダウンをします

```
10:
11:     public static void main(String[] args) {
12:         countdown(7, 3);
13:     }
14: }
```

countdownメソッドを呼び出すときに、2つの値を渡します

実行結果

```
1つ目の引数で受け取った値:7
2つ目の引数で受け取った値:3
カウントダウンをします
7
6
5
4
3
```

mainメソッドの引数

これまで、メソッド名の後ろの**( )**には引数の型と変数名が記述されていることを見てきました。改めて**main**メソッドの宣言を見てみると、

```
public static void main(String[] args)
```

となっていることから、引数の型は文字列の配列であり、その変数名が**args**であることがわかります。

この文字列の配列は、プログラムが実行されるときに渡されます。この値を使うことで、プログラムコードを変更せずに、実行内容を切り替えることができます。

どのようにして**main**メソッドに値を渡すかは、プログラムの実行方法によって異なります。

メモ

Eclipseでプログラムを実行するときには、Eclipseが`main`メソッドへ引数を渡します。`main`メソッドへの引数は、次の手順で設定できます。

① `main`メソッドが含まれているプログラムコードのファイルを［パッケージ・エクスプローラー］ビューで右クリックし、［プロパティー］を選択します。
② ［実行/デバッグ設定］で`main`メソッドが含まれているクラスを選択し、［編集］ボタンをクリックします。
③ 画面に表示された「構成の編集」ダイアログの［引数］タブで、［プログラムの引数］のテキストエリアに引数とする文字列を記入し、［OK］ボタンをクリックします（画面❹-1）。複数の文字列を引数にする場合は、空白で区切って記入します。

画面❹-1 mainメソッドへ渡す引数を指定する

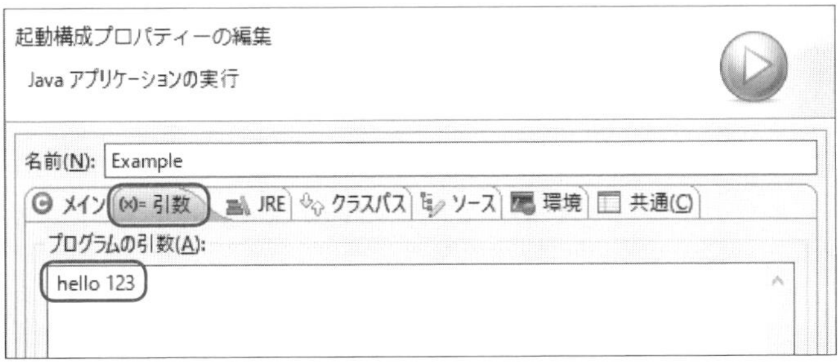

起動構成プロパティーの編集
Java アプリケーションの実行
名前(N): Example
メイン (x)= 引数 JRE クラスパス ソース 環境 共通(C)
プログラムの引数(A):
hello 123

List❹-6は、プログラム実行時に引数として渡された文字列を出力する例です。

List❹-6 04-06/ArgmentsExample.java

```
1: public class ArgmentsExample {
2:     public static void main(String[] args) {
3:         System.out.println("引数で渡された配列の要素数" + ➡
           args.length);  ← 配列の要素の数を出力します
4:         for (int i = 0; i < args.length; i++) {   ┐ 引数で渡された
5:             System.out.println(args[i]);          │ 文字列をすべて
6:         }                                         ┘ 出力します
7:     }
8: }
```

➡は紙面の都合で折り返していることを表します。

上の「メモ」での説明のように、Eclipseで「`hello 123`」という文字列を引数に指定してからこのプログラムコードを実行すると、次のように出力されます。

実行結果

```
引数で渡された配列の要素数2
hello
123
```

mainメソッドでは、文字列の配列を引数として受け取れることを確認できます。ただし、引数で渡された「**123**」は、数値ではなく文字列として渡されるため、そのままでは**int**型の変数に代入できません。

文字列を**int**型の数値に変換するには、次のようにします。

```
int i = Integer.parseInt(文字列);
```

double型の数値に変換するには、次のようにします。

```
double d = Double.parseDouble(文字列);
```

List❹-7は、プログラム実行時に引数として渡された2つの数字を整数に変換し、掛け合わせた結果を出力する例です。

List❹-7　04-07/Multiply.java

```
1: public class Multiply {
2:     public static void main(String[] args) {
3:         int a = Integer.parseInt(args[0]);   ← 最初の文字列を整数に変換します
4:         int b = Integer.parseInt(args[1]);   ← 2つ目の文字列を整数に変換します
5:         System.out.println(a * b);
6:     }
7: }
```

このようにすることで、プログラム実行時に渡される文字列を数値に変換して計算などに利用できるようになります。

メモ

List❹-7の**Multiply**クラスの**main**メソッドの中で宣言されている変数**a**と**b**は、この**main**メソッドの中だけで使用でき、ほかのメソッドから参照することはできません。114ページで説明した引数として使用される変数同様に、メソッドの中で宣言される変数もローカル変数です。

登場した主なキーワード

- **引数**：メソッドを呼び出すときに、メソッドに渡す値のこと。
- **引数列**：引数をカンマ区切りで並べたもの。
- **ローカル変数**：プログラムの一部だけで参照できる変数のこと。

まとめ

- メソッドには、値を渡すことができます。
- メソッドには、複数の値を渡すこともできます。
- メソッドの引数として使用される変数は、そのメソッド内だけで参照できるローカル変数です。

4-3 メソッドの戻り値

学習のポイント

- メソッドで処理を行った結果を、呼び出し側で受け取ることもできます。
- メソッドから呼び出し側へ、値を戻す方法を学びます。

KEYWORD
●戻り値

戻り値とは

メソッドには、処理に使用する値を引数として渡すことができました。それとは逆にメソッドで処理を行った結果の値を、呼び出し側に戻すこともできます。メソッドから戻してもらう値のことを戻り値（もどりち）といいます。図❹-4は、メソッドの呼び出し側が、メソッドから戻り値を受け取るようすを表したものです。

呼び出し側は、メソッドからの戻り値を受け取ることによって、計算を行った結果などを知ることができます。

図❹-4　戻り値を返すメソッドのイメージ

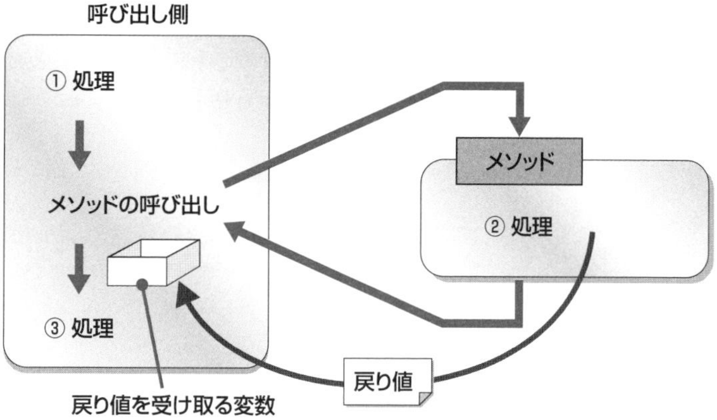

戻り値のあるメソッドは次のように宣言します。

構文❹-3 戻り値のあるメソッドの宣言

```
public static 戻り値の型 メソッド名(引数列) {
    命令文
    return 戻り値;
}
```

引数がない場合は、引数列は空のままにします。メソッドからの戻り値は1つだけ指定でき、その値の型をメソッド名の前に記述します。

メソッド内の命令文の末尾に、**return**（リターン）というキーワードに続けて、戻り値を記述します。

KEYWORD
- return
- void

メモ

今まで見てきたメソッドのように、戻り値がない場合は、戻り値の型に**void**（ボイド）と記述します（**void**は「何もない」という意味の英単語です）。戻り値がない場合は**return**文を省略できます。

戻り値のあるメソッド

具体例として、円の面積を計算し、その結果を返すメソッドを作ってみましょう。円の半径は引数で受け取るものとします。このメソッドの名前を**getAreaOfCircle**とし、引数も戻り値も**double**型であるとすると、次のように宣言できます。

```
public static double getAreaOfCircle(double radius) {
    return radius * radius * 3.14;
}
```

double型の引数を1つ受け取ります。戻り値はdouble型です

円の面積（半径×半径×3.14）を計算した結果を返します

このメソッドを呼び出す側は、戻り値を**double**型の変数で受け取ることができます。

List❹-8は、**getAreaOfCircle**メソッドを用いて円の面積を計算し、その結果を呼び出し側で受け取って出力する例です。

List❹-8 04-08/ReturnExample.java

```
 1: public class ReturnExample {
 2:     public static double getAreaOfCircle(double radius) {
 3:         return radius * radius * 3.14;
 4:     }
 5:
 6:     public static void main(String[] args) {
 7:         double circleArea = getAreaOfCircle(2.5);
 8:         System.out.println("半径2.5の円の面積は" + circleArea);
 9:     }
10: }
```

getAreaOfCircleメソッドの戻り値をdouble型の変数で受け取ります

実行結果

```
半径2.5の円の面積は19.625
```

ほかにも、**boolean**型の値（真偽値）を戻り値とするメソッドの例を見てみましょう。List❹-9の**isPositiveNumber**メソッドは、引数で受け取った値が正の値であれば**true**を、そうでなければ**false**を戻します。

List❹-9 04-09/ReturnExample2.java

```
 1: public class ReturnExample2 {
 2:     public static boolean isPositiveNumber(int i) {
 3:         if (i > 0) {
 4:             return true;
 5:         } else {
 6:             return false;
 7:         }
 8:     }
 9:
10:     public static void main(String[] args) {
11:         int i = -10;
12:         if (isPositiveNumber(i) == true) {
13:             System.out.println("iの値は正です");
14:         } else {
15:             System.out.println("iの値は負またはゼロです");
16:         }
17:     }
18: }
```

実行結果

```
iの値は負またはゼロです
```

ワン・モア・ステップ！

条件式の値

List❹-9では、**i**の値が正である場合に**true**を、そうでない場合に**false**を戻すために、次のようなプログラムコードを記述しました。

```
if (i > 0) {
    return true;
} else {
    return false;
}
```

42ページで式は値を持っていることを説明しましたが、それと同じように**if**文で使用される条件式**i > 0**も値を持ちます。条件式の値は**boolean**型の**true**または**false**のどちらかです。したがって、この論理演算式の値そのものを戻り値にすることができ、上の5行分のプログラムコードを、次の1行にまとめてしまうことができます。

```
return ( i > 0 );
```

また、List❹-9の12行目では、

```
(isPositiveNumber(i) == true)
```

という条件式をif文の条件判定に使用していますが、この条件式の値は**isPositiveNumber(i)**の戻り値と一致するので、わざわざ比較をせずに、12行目の**if**文は次のように書くことができます。

```
if (isPositiveNumber(i)) {
```

短く簡潔なので、プログラミングに慣れている人に好まれる記述方法です。この書き方をマスターする必要はありませんが、ほかの人が書いたプログラムコードの中にこのような記述を見つけたときに、どのような意味なのか理解できるようにしておきましょう。

登場した主なキーワード

- **戻り値**：メソッドから返される値のこと。
- **`void`**：メソッドに戻り値がない場合に、戻り値の型として使用するキーワード。
- **`return`**：戻り値のあるメソッドで、戻り値を指定するのに使用するキーワード。

まとめ

- メソッドには、引数と戻り値を設定できます。戻り値がない場合は、戻り値の型に`void`を使います。

4-4 メソッドのオーバーロード

学習のポイント

- 同じ名前で、引数の異なるメソッドを複数宣言できます。
- すでに存在しているメソッドと、同じ名前のメソッドを宣言することをメソッドのオーバーロードと呼びます。

同じ名前を持つメソッド

メソッドはいくつでもプログラムコードに含めることができると説明しましたが、名前が同じメソッドを含めることはできるでしょうか？ 直感的には、すべてのメソッドが異なる名前を持っている必要がありそうですが、実は、名前が同じメソッドがあってもかまいません。引数が異なれば区別できるからです。
これまでに説明で使用したcountdownメソッドには、引数のない例、引数が1つまたは2つの例がありました。それぞれ、呼び出し側では次のように書きました。

```
countdown();        ← 引数のないcountdownメソッドを呼び出します
countdown(3);       ← 引数が1つのcountdownメソッドを呼び出します
countdown(7, 3);    ← 引数が2つのcountdownメソッドを呼び出します
```

同じ名前のメソッドであっても、引数を見ることで、どのcountdownメソッドを呼び出そうとしているのか区別することができます。

メソッドのオーバーロード

KEYWORD
●オーバーロード

すでに存在しているメソッドと、名前が同じメソッドを宣言することをメソッドのオーバーロードと呼びます。引数が異なれば、名前が同じメソッドをいくつでも宣言できます。

ここで、「引数が異なる」というのは、「引数の数が異なる」という意味では

ないことに注意しましょう。引数の型が異なれば、「引数が異なる」とみなします。次の3つのメソッドは、どれも引数が1つですが、「引数が異なる」メソッドなのです。

```
public static void methodA(int i) { (略) }
public static void methodA(double d) { (略) }
public static void methodA(String s) { (略) }
```

List❹-10はメソッドのオーバーロードを含むプログラムコードの例です。**methodA**という名前のメソッドが4つ宣言されていますが、いずれも引数が異なっています。

List❹-10 04-10/OverloadExample.java

```
 1: public class OverloadExample {
 2:     public static void methodA() {
 3:         System.out.println("引数はありません");
 4:     }
 5:
 6:     public static void methodA(int i) {
 7:         System.out.println("int型の値" + i + "を受け取りました");
 8:     }
 9:
10:     public static void methodA(double d) {
11:         System.out.println("double型の値" + d + "を受け取り ➡
            ました");
12:     }
13:
14:     public static void methodA(String s) {
15:         System.out.println("文字列" + s + "を受け取りました");
16:     }
17:
18:     public static void main(String[] args) {
19:         methodA();
20:         methodA(1);
21:         methodA(0.1);
22:         methodA("Hello");
23:     }
24: }
```

➡は紙面の都合で折り返していることを表します。

実行結果

```
引数はありません
int型の値1を受け取りました
double型の値0.1を受け取りました
文字列Helloを受け取りました
```

オーバーロードができない場合

オーバーロードができない場合についても見てみましょう。

引数を受け取るために使用する変数の名前は自由に設定でき、呼び出し側に何の影響も与えませんので、次のように変数の名前が異なるだけではオーバーロードできません。

```
public static void methodA(int i) { (略) }
public static void methodA(int j) { (略) }
```

呼び出し側が1つ目のメソッドと区別できないのでエラーになります

また、オーバーロードに戻り値は関係しないため、次のように戻り値が異なるだけではオーバーロードできません。

```
public static void methodB(int i) { (略) }
public static int methodB(int i) { (略) }
```

呼び出し側が1つ目のメソッドと区別できないのでエラーになります

メモ

あるメソッドがほかのメソッドと異なるかどうかを区別する際には、「メソッド名」、「引数の型」、「引数の数」の3つの要素が考慮されます。これをメソッドのシグネチャと呼びます。シグネチャが同じメソッドを宣言することはできないのです。

KEYWORD

●シグネチャ

登場した主なキーワード

- **オーバーロード**：引数が異なる、同じ名前のメソッドを宣言すること。

まとめ

- 引数の異なる同じ名前のメソッドを宣言できます。このことを「メソッドのオーバーロード」といいます。
- オーバーロードされたメソッドは、引数の数と種類によって、どれが実行されるか決定されます。

練習問題

4.1 次の空欄を埋めて、文章を完成させてください。

- メソッドを呼び出すときにメソッドに渡す値のことを［(1)］といい、メソッドから戻される値のことを［(2)］という。
- メソッドの宣言では［(2)］の型をメソッド名の前に記述するが、［(2)］がない場合には［(3)］と記述する。
- 同じ名前で引数の異なるメソッドを宣言することを、メソッドの［(4)］という。

4.2 List❹-11のプログラムコードの［(A)］に、各問いの条件に合うメソッドを追加してください。［(B)］には、そのメソッドを呼び出す命令文を記述してください。メソッドに戻り値がある場合は、受け取った戻り値を出力するようにしてください。引数の値は自由に決めてかまいません。

List❹-11

```
public class Practice {
    // ここに各設問のメソッドを追加する
    (A)

    public static void main(String[] args) {
        // 追加したメソッドを呼び出し、戻り値がある場合には出力する
        (B)
    }
}
```

例題1

メソッド名：	getTriangleArea
引数列：	double height, double base
戻り値の型：	double
処理の内容：	底辺の長さがbase、高さがheightで表される三角形の面積を返す。

例題1の解答例

(A)

```
static double getTriangleArea(double height, double base)
{
    return height * base / 2.0;
}
```

(B)

```
double triangleArea = getTriangleArea(10.0, 3.0);
System.out.println(triangleArea);
```

問い

(1)

メソッド名： printHello

引数列： int count

戻り値の型： なし

処理の内容： 引数で渡されたcountの回数だけ、Helloという文字列を出力する。

※引数の値が3の場合はHelloという文字列を3回出力するようにする。

(2)

メソッド名： getRectangleArea

引数列： double width, double height

戻り値の型： double

処理の内容： 引数で渡された幅（width）と高さ（height）の値を持つ長方形の面積を返す。

(3)

メソッド名： getMessage

引数列： String name

戻り値の型： String

処理の内容： "こんにちは〇〇さん"という文字列を返す。〇〇には引数で渡されたnameの値を入れる。

(4)

メソッド名： getAbsoluteValue

引数列： int value

戻り値の型： int

処理の内容： 引数で渡されたvalueの値の絶対値を返す。
※5の絶対値は5、-3の絶対値は3

(5)

メソッド名： getAverage

引数列： double a, double b, double c

戻り値の型： double

処理の内容： 引数で渡された値の平均を返す。

(6)

メソッド名： `isSameAbsoluteValue`

引数列： `int i, int j`

戻り値の型： `boolean`

処理の内容： 引数で受け取る2つの値の絶対値が等しければ`true`、そうでなければ`false`を返す。絶対値を求めるときには、(4)で作成した`getAbsoluteValue`メソッドを使ってもよい。

第5章　クラスの基本

オブジェクト指向
クラスとインスタンス
参照
クラス活用の実例
（バーチャルペット・ゲームの作成）

この章のテーマ

　Java言語はオブジェクト指向型の言語です。Java言語によるプログラムの作成を学ぶ上では、オブジェクト指向の概念をよく理解することが重要です。本章では、オブジェクト指向の基本的な概念を理解するとともに、一番基本となるクラスの宣言とインスタンスの生成について学びます。

5-1　オブジェクト指向

- オブジェクト指向とは
- クラスの宣言
- オブジェクト指向と規模の大きなプログラム

5-2　クラスとインスタンス

- 簡単なクラスの宣言
- インスタンスの生成
- インスタンス変数

5-3　参照

- 参照型
- インスタンスの配列
- 何も参照しないことを表すnull
- 参照とメソッド
- クラスの宣言とファイル

5-4　クラス活用の実例（バーチャルペット・ゲームの作成）

- 実例を用いた学習内容の確認
- バーチャルドッグのクラスを定義する
- バーチャルドッグのインスタンスを生成する
- 作成されたプログラムコードと実行結果

5-1 オブジェクト指向

学習のポイント

- Java言語はオブジェクト指向言語の1つです。
- クラスとインスタンスの関係はオブジェクト指向を理解する上で最も重要なものです。

KEYWORD
- クラス
- インスタンス

オブジェクト指向とは

これまで、Java言語の基本を学んできました。ここからは、さらに一歩進んだプログラムを作成する上で、大切な概念であるクラスとインスタンスの関係について説明します。インスタンスは「実体」という意味の言葉で、クラスはインスタンスがどのような性質を備えているかを定義したものです。

いくつか例を挙げて説明します。学生情報を管理するソフトウェアがあったとします。学生情報として、学籍番号や氏名など、どのような項目を管理するか定義したものがクラスであって、「学籍番号：1234、氏名：鈴木太郎」「学籍番号：1235、氏名：佐藤花子」のような、個々の学生情報それぞれがインスタンスです。

たくさんのモンスターが登場するゲームアプリがあったとします。モンスターはどのような情報を持ち、どのような動作をするものかを定義したものがクラスであって、個々のモンスターがインスタンスです。

サッカーのゲームアプリがあったとします。ゲームの中でサッカー選手は、どのような情報を持ち、どのような動作をするのかを定義したものがクラスであって、個々のサッカー選手がインスタンスです。

インスタンスという言葉を、「1つ1つの実体」と置き換えて読み直してみると理解しやすいでしょう。クラスとインスタンスの説明を簡単にまとめると、次のようになります。

- **クラス** …………… インスタンスがどのような情報と機能を持つか定義したもの。
- **インスタンス** …. クラスに定義された情報と機能を持つ、1つ1つの実体。

インスタンスのことを「オブジェクト」と呼ぶこともあります。このように、クラスとインスタンスを使ってプログラムを作ることを前提とした言語のことを、オブジェクト指向言語(しこうげんご)と呼びます。Java言語は、オブジェクト指向言語です。

KEYWORD
●オブジェクト指向言語

クラスの宣言

Java言語でクラスを記述するときには、次のように書きます。

```
[修飾子] class クラス名 {
    クラスの内容
}
```

[修飾子] には**public**というキーワードが入ることがありますが、本書で学習する範囲では、なくてもかまいません(注❺-1)。このように、クラスをプログラムコードに記述することを、「クラスを定義する」または「クラスの宣言をする」といいます。

実は、これまでに例として見てきたプログラムコードは、すべてこのクラスの記述にのっとっていました。つまり、Java言語でプログラミングするということは、クラスを宣言する(クラスをプログラムコードで記述する)ことなのです。

「クラスの内容」の部分には、フィールドとメソッドの宣言が含まれます(これらをまとめてメンバと呼ぶことがあります)。クラスはオブジェクトが持つ情報と機能を定義したもので、フィールドが情報、メソッドが機能に対応します。具体的には、フィールドは値を格納するための変数、メソッドは命令文をまとめたものです。

フィールドとメソッドという言葉を使うと、クラスの記述は次のようになります。

注❺-1
classの前につける [修飾子] は、複数のクラスをグループにまとめて管理する「パッケージ」という仕組みが出てきたときに意味を持ちます。詳しくは本書の実践編で説明します。本巻で学習する範囲では、つけてもつけなくてもプログラムに影響はありません。

KEYWORD
●フィールド
●メソッド
●メンバ

構文❺-1 クラスの宣言

```
class クラス名 {
    フィールドの宣言  ←(クラスが持つ情報(値を格納するための変数)を記述します)
    メソッドの宣言  ←(クラスが持つ機能(命令文のまとまり)を記述します)
}
```

フィールドの宣言とメソッドの宣言は、どちらか一方しかなくてもかまいません(注❺-2)。次節以降では、まずフィールドについて説明します。メソッドについては第4章で学習しましたが、第6章でさらに詳しく学習します。

注❺-2
6-1節で学習する「コンストラクタ」もクラスの内容に含まれます。

オブジェクト指向と規模の大きなプログラム

ところで、これまでに例として取り上げたプログラムは、すべて1つのクラスで作られていましたが、規模の大きなプログラムは、たくさんのクラスを組み合わせて作成します。

皆さんが日常使っているワープロソフトや表計算ソフト、またはスマートフォンに入っているアプリなど多くのプログラムは、今までの学習で見てきたプログラムより規模が大きく複雑な仕組みを持っています。

このようなプログラムの開発は、さまざまな部品を組み合わせて作るという点で、自動車の開発に似ています。自動車は、車体、エンジン、タイヤ、ヘッドライトなど、多くの部品から構成されていて、それらは各部品を専門に取り扱う専用工場で作られます。最終的な自動車は、これらの部品を組み立てて完成します。

製品を複数の部品に分けることには、開発の役割分担が明確になるというメリットがあります。また、機能をアップグレードするときに、全体に手を入れるのではなく、部品単位でアップグレードすることも可能になります。

Java言語による規模の大きなプログラムも、自動車と同様に作られます。さまざまなクラスを定義し（さまざまな部品の仕様書を作成することに相当します）、それらのインスタンスを作り（仕様書に沿って部品を作ることに相当します）、それらを組み合わせて1つのプログラムを完成させます。

さまざまなクラスは、皆さんが自分で全部新しく作ることはほとんどありません。通常は開発チームを組んで、仲間が作ったクラスを使ったり、それに後から機能を追加したりします。また、Javaにあらかじめ準備されているクラスを組み合わせてプログラムを作ることもできます。

このように考えると、Java言語のプログラミングは、他人が作ったプログラムを組み合わせ、必要に応じて新しいクラスを作ったり機能を追加したりしていく作業ということができます。これがオブジェクト指向の考え方であり、Java言語を使いこなすにはこの考え方を理解することが大切です。

登場した主なキーワード

- **オブジェクト指向**：何らかの情報（データ）や機能（処理）を持つプログラム部品（オブジェクト）をクラスによって定義し、それらのインスタンスを組み合わせて大きなプログラムを作っていく、という考え方。
- **クラス**：インスタンスが持つ情報や機能を定義したもの。

- **インスタンス**：クラスによって定義された情報や機能を持つ1つ1つの実体。
- **フィールド**：オブジェクトが持つ情報（値を格納するための変数）。
- **メソッド**：オブジェクトが持つ機能（命令文をまとめたもの）。

まとめ

- Java言語はオブジェクト指向言語の1つです。
- オブジェクト指向言語では、プログラム部品であるオブジェクトを組み合わせて1つのプログラムを完成させます。
- クラスはオブジェクトが持つ情報と機能を定義するものです。
- Java言語でプログラミングするということは、クラスを宣言することです。
- Java言語のプログラムは1つ以上のクラスから構成されます。
- クラスには、フィールドとメソッドが含まれます。

5-2 クラスとインスタンス

学習のポイント

- 情報（フィールド）だけを持つ簡単なクラスを作成します。
- newキーワードを用いてインスタンスの生成を行います。

簡単なクラスの宣言

クラスの宣言には「情報（フィールド）」と「機能（メソッド）」が含まれると前節で述べました。ここではまず、情報だけを持つクラスを学習します（機能を持つクラスについては第6章で学習します）。

クラスを使うことで、学生の「学籍番号と氏名」や、書籍の「タイトルと著者名と出版年」、またはグラフ上の「x座標とy座標」のように、常にセットで扱う複数の情報をひとまとまりにして管理できるようになります。

例として、**StudentCard**（学生証）という名前のクラスで、学生の学籍番号（**id**）と氏名（**name**）の情報を管理するものとしましょう。1枚の学生証につき1人の学生の学籍番号と氏名が記載されるようすを想像してみるとよいでしょう。

StudentCardクラスの宣言は次のように記述します（注❺-3）。

```
class StudentCard {        ← StudentCardという名前のクラスの宣言が始まります
    int id;   // 学籍番号   ┐ idとnameという名前のフィールドを定義します
    String name;   // 氏名  ┘
}   ← StudentCardという名前のクラスの宣言を終わります
```

この宣言では**StudentCard**という名前のクラスが（注❺-4）、**id**という名前の**int**型の変数と、**name**という名前の**String**型の変数をフィールドに含むことを表しています。ごく簡単なものですが、これも立派なクラスです。**id**と**name**のように、常にセットで扱う変数をまとめて管理するときにクラスは便利です。

注❺-3
StudentCardクラスの宣言には、先頭に**public**キーワードをつけていません。その理由は140ページで説明します。

注❺-4
これまでにも見てきたように、クラスの名前は先頭を大文字のアルファベットにします。フィールドの名前は小文字のアルファベットにします。

インスタンスの生成

先ほどのStudentCardクラスの宣言は、「学生証には学籍番号（id）と氏名（name）の情報が含まれる」ということを表しています。つまり、StudentCardクラスとはどのようなものであるか定義したわけです。

続いて、このStudentCardクラスに基づいて、実際に学生の情報を格納するためのインスタンスを生成（せいせい）します。

KEYWORD
●生成
●new

生成には、new（ニュー）というキーワードを使い、

```
new StudentCard();
```

と記述します。これで、StudentCardクラスの宣言に基づいてidとnameの値を格納できるインスタンスが1つ、コンピュータの中に生成されます（注❺-5）。図❺-1はそのイメージです。学生証が1枚発行されたようすを想像するとよいでしょう。

注❺-5
「StudentCardクラスのインスタンス」のことを、短く「StudentCardオブジェクト」ともいいます。よく使われる表現ですので、覚えておくとよいでしょう。

図❺-1　インスタンスが生成されるイメージ

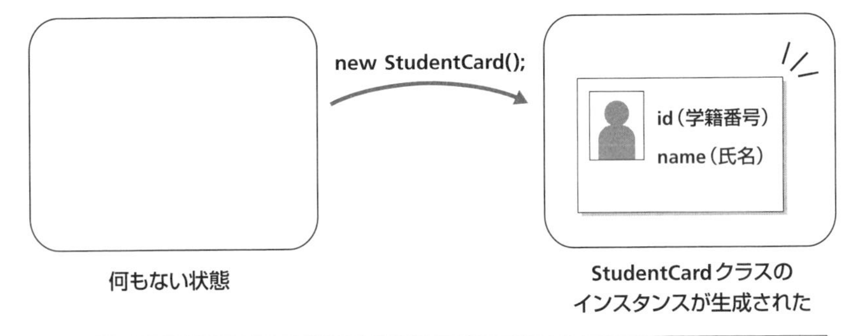

new StudentCard(); という命令文により、学籍番号と氏名の情報を格納するフィールドを持つStudentCardクラスのインスタンスがコンピュータの中に生成されます

次のように記述することで、生成したStudentCardクラスのインスタンスを変数aに代入できます（注❺-6）。

注❺-6
aに代入されるのは、正確には「インスタンスの参照」です。これについては、5-3節で詳しく説明します。

```
StudentCard a = new StudentCard();
```

このように、インスタンスを代入する変数の型には、そのクラス名（ここではStudentCard）を指定します。aはStudentCard型の変数となります。

インスタンス変数

インスタンスを生成した後では、インスタンスが持つ変数に値を代入できます。**StudentCard**クラスのインスタンスに対して、**id**と**name**の値を代入するには、次のように記述します。

```
StudentCard a = new StudentCard();
a.id = 1234;
a.name = "鈴木太郎";
```

図❺-2 インスタンスが持つ変数に値を代入できる

KEYWORD
●インスタンス変数

このように、**StudentCard**クラスに定義されている変数**id**と**name**は、インスタンスに関する情報を格納するために使用でき、これらをインスタンス変数（へんすう）と呼びます。

インスタンス変数を参照するときには「**a.id**」のように、「**インスタンスを代入した変数の名前＋ドット（.）＋インスタンス変数の名前**」という形で記述します。

メモ

ドット（**.**）を日本語の「の」に置き換えてプログラムコードを読むとわかりやすいでしょう。「**a.id = 1234**」は「（aの**id**）←**1234**」とみなすことができます。

それでは、この**StudentCard**クラスを使って、実際に複数の学生情報を管理するプログラムを作成してみましょう。List❺-1は、**StudentCard**クラスのインスタンスを2つ生成し、学生2名分の学籍番号と氏名の情報を管理する例です。

List❺-1 05-01/InstanceExample.java

```
 1: class StudentCard {
 2:     int id;  // 学生番号
 3:     String name;  // 氏名
 4: }
 5:
 6: public class InstanceExample {
 7:     public static void main(String[] args) {
 8:         StudentCard a = new StudentCard();
 9:         a.id = 1234;
10:         a.name = "鈴木太郎";
11:
12:         StudentCard b = ➡
            new StudentCard();
13:         b.id = 1235;
14:         b.name = "佐藤花子";
15:
16:         System.out.println("aのidの値は" + a.id);
17:         System.out.println("aのnameの値は" + ➡
            a.name);
18:         System.out.println("bのidの値は" + b.id);
19:         System.out.println("bのnameの値は" + ➡
            b.name);
20:     }
21: }
```

StudentCardクラスの宣言です
StudentCardクラスのインスタンスを生成し、変数aに代入します
aが持つ変数idに1234を代入します
aが持つ変数nameに文字列"鈴木太郎"を代入します
StudentCardクラスのインスタンスを生成し、変数bに代入します
bが持つ変数idに1235を代入します
bが持つ変数nameに文字列"佐藤花子"を代入します
aが持つ情報を出力します
bが持つ情報を出力します

➡は紙面の都合で折り返していることを表します。

実行結果

```
aのidの値は1234
aのnameの値は鈴木太郎
bのidの値は1235
bのnameの値は佐藤花子
```

これまでに例として見てきたプログラムコードは、すべて1つのクラスからできていました。今回のプログラムコードには、**StudentCard**クラスのほか、**InstanceExample**クラスの宣言が含まれています。つまり、2つのクラスから構成されるプログラムを作成していることになります。

StudentCardクラスの宣言の先頭には**public**キーワードがありませんが、これは1つのプログラムファイルには、**public**キーワードのついたクラスを最大で1つしか宣言できないというルールがあるためです。通常は、**main**メソッドを持つクラスに**public**キーワードをつけます。

8～10行目は次のように記述されています。

```
StudentCard a = new StudentCard();
a.id = 1234;
a.name = "鈴木太郎";
```

まず**StudentCard**クラスのインスタンスを生成し、変数**a**に代入しています。その後、そのインスタンス変数の**id**に**1234**、**name**に**"鈴木太郎"**を代入しています。12～14行目でも同じように新しいインスタンスを生成して変数**b**に代入し、そのインスタンス変数の**id**に**1235**、**name**に**"佐藤花子"**を代入しています（図❺-3）。

図❺-3 StudentCardクラスのインスタンスaとb

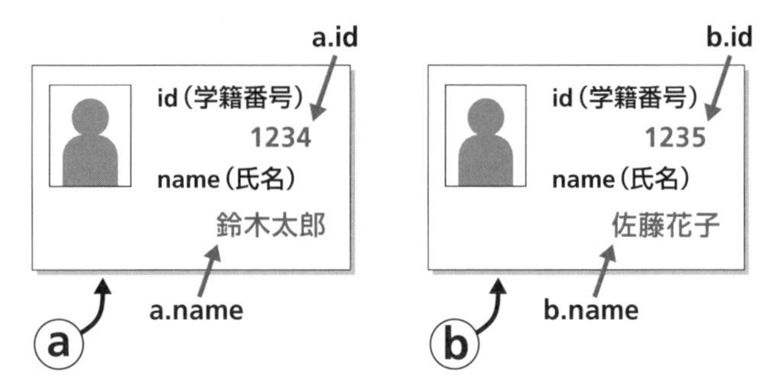

a.idと**a.name**、そして**b.id**と**b.name**は、これまで学習してきた変数と同様に、値の代入と参照を行うことができます。

16～19行目では、**a.id**といった記述でインスタンス変数の値を参照し、文字列と連結してコンソールに出力しています。

このプログラムでは**StudentCard**クラスのインスタンスを2つ生成しましたが、インスタンスはいくつでも追加で作ることができます。クラスの定義さえあれば、いつでもインスタンスを作ることができるのです。このことがオブジェクト指向のメリットの1つです。

登場した主なキーワード

- **インスタンス変数**：クラスのフィールドで宣言される変数。インスタンスごとに異なる値を格納できます。
- **new**：新しいインスタンスを生成するときに使用するキーワード。

まとめ

- クラスに基づいて作られるオブジェクトを「インスタンス」と呼びます。
- インスタンスの生成には**new**キーワードを使用します。
- 1つのクラスからは、インスタンスをいくつでも生成できます。
- フィールドにはインスタンス変数と呼ばれる変数を宣言でき、インスタンス名にドット（**.**）をつけて参照できます。

5-3 参照

学習のポイント

- インスタンスを代入した変数に格納されるのは、インスタンスそのものではなく、インスタンスがどこにあるかを表す所在地情報です。
- インスタンスの所在地情報のことを「参照」と呼びます。

参照型

第2章の2-2節では変数を「値を入れる入れ物」に例えて説明しました。この入れ物には入れる値の種類（型）を指定する必要がありましたが、**int**型や**double**型など、指定できる型は数種類しかありませんでした。

ところで、前節では次のように書くことで、変数**a**に**StudentCard**クラスのインスタンスを代入できると説明しました。

```
StudentCard a = new StudentCard();
```

変数の型として**StudentCard**というクラス名が指定されており、一見すると、変数**a**に**StudentCard**クラスのインスタンスが入っているようですが、実際にはインスタンスそのものは入っていません（図❺-4）。

図❺-4　変数aにStudentCardクラスのインスタンスは入っていない

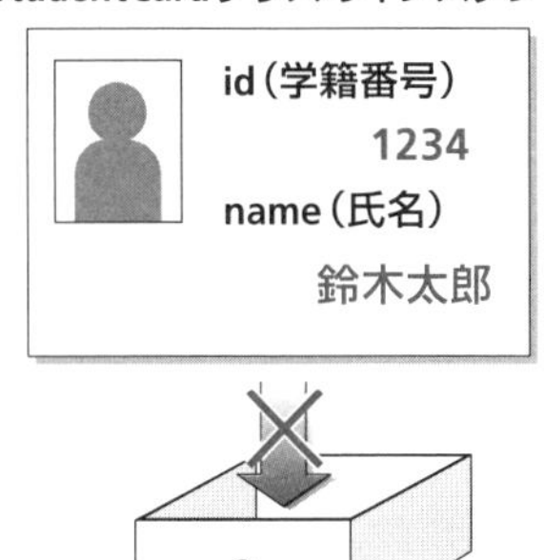

KEYWORD
- ●参照
- ●参照する

注❺-7
図❺-5の中で「○○番地」と示した具体的な場所はコンピュータが内部で決定するメモリ空間での位置情報で、私たちが直接知ることはできません。

変数aに入っているのは、StudentCardクラスのインスタンスが存在する場所（コンピュータのメモリ上のどこか）を示す「所在地情報」です。この所在地情報のことを参照(さんしょう)といい、「変数aはStudentCardクラスのインスタンスを参照する」といいます。図❺-5はそのようすを表したものです（注❺-7）。

図❺-5 変数aがStudentCardクラスのインスタンスの参照を格納するようす

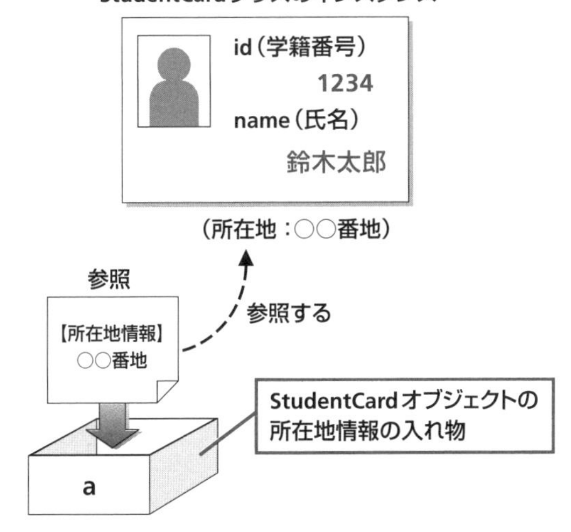

KEYWORD
- ●基本型
- ●参照型

注❺-8
基本型のことをプリミティブ型ということもあります。

int型やdouble型のように、値そのものを変数に入れられる型を基本型(きほんがた)といい（注❺-8）、StudentCard型のように変数にインスタンスへの参照を入れる型を参照型(さんしょうがた)といいます。

変数に入れられるのは、基本型の値あるいはインスタンスへの参照のどちらかで、インスタンスそのものは格納できません。

この参照の仕組みをより深く理解するために、次のプログラムコードを見てみましょう（List❺-2）。

List❺-2 05-02/InstanceExample2.java

```
 1: class StudentCard {
 2:     int id;  // 学籍番号
 3:     String name;  // 氏名
 4: }
 5:
 6: public class InstanceExample2 {
 7:     public static void main(String[] args) {
 8:         StudentCard a = new StudentCard();
 9:         StudentCard b = new StudentCard();
10:         StudentCard c = b;
11:         a.id = 1234;
12:         a.name = "鈴木太郎";
```

- 8行目：StudentCardクラスのインスタンスを生成し、変数aに代入します
- 9行目：StudentCardクラスのインスタンスを生成し、変数bに代入します
- 10行目：変数bの値を変数cに代入します
- 11〜12行目：変数aが参照するインスタンスのidとnameに値を代入します

```
13:         b.id = 1235;          変数bが参照するインスタンスの
14:         b.name = "佐藤花子";   idとnameに値を代入します
15:
16:         System.out.println("aのidは" ➡
            + a.id + ",nameは" + a.name );
17:         System.out.println("bのidは" ➡     確認のためにa、b、c
            + b.id + ",nameは" + b.name );     の情報を出力します
18:         System.out.println("cのidは" ➡
            + c.id + ",nameは" + c.name );
19:         System.out.println("➡
            ================================");
20:
21:         c.id = 1236;          変数cが参照するインスタンスの
22:         c.name = "山田二郎";   idとnameの値を変更します
23:
24:         System.out.println("aのidは" ➡
            + a.id + ",nameは" + a.name );
25:         System.out.println("bのidは" ➡     確認のためにa、b、c
            + b.id + ",nameは" + b.name );     の情報を出力します
26:         System.out.println("cのidは" ➡
            + c.id + ",nameは" + c.name );
27:     }
28: }
```

➡は紙面の都合で折り返していることを表します。

実行結果

```
aのidは1234,nameは鈴木太郎
bのidは1235,nameは佐藤花子   変数bと変数cは同じイン
cのidは1235,nameは佐藤花子   スタンスを参照しています
================================
aのidは1234,nameは鈴木太郎   変数cの参照するインスタンスの情報を変更
bのidは1236,nameは山田二郎   すると、変数bの情報も変更されます。同じ
cのidは1236,nameは山田二郎   インスタンスを参照しているためです
```

このプログラムコードでは8～9行目で**new**を2回使って、2つの**StudentCard**クラスのインスタンスを生成し、それぞれの参照を変数**a**、**b**に代入しています。その後の10行目に記述した**c = b**という代入式によって、変数**c**に変数**b**の値を代入しています。ここで代入されるのは、変数**b**に入っているインスタンスへの参照（所在地情報）です。つまり、変数**c**は変数**b**と同じインスタンスを参照することになり、**b.id**と**c.id**は常に同じ値になります。同様に、**b.name**と**c.name**も常に同じ値になります。図❺-6はそのようすを示しています。

図❺-6 変数bと変数cが同じインスタンスを参照する

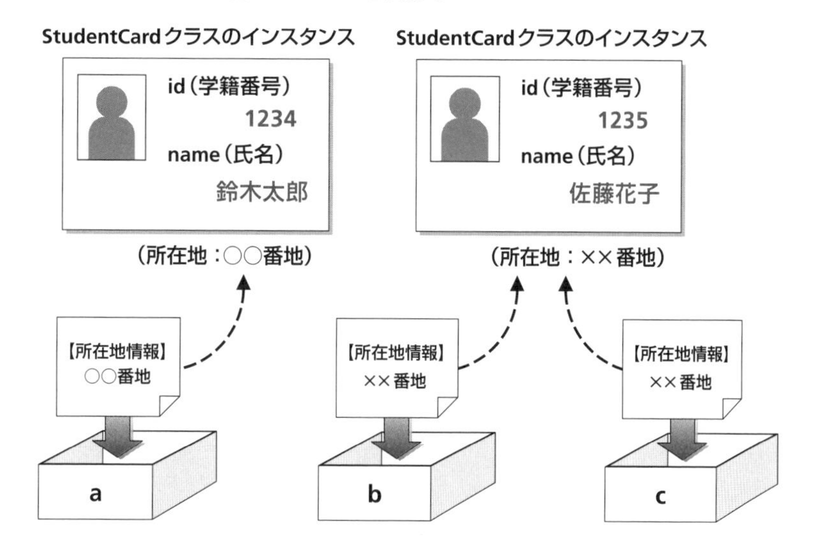

そのため、21～22行目で、

```
c.id = 1236;
c.name = "山田二郎";
```

と記述して、変数**c**が参照しているインスタンスの**id**と**name**に値を代入すると、同時に**b.id**と**b.name**の値も変わります。プログラムの実行結果からも、このことを確認できます。

インスタンスの配列

第3章の3-4節では配列について学習しました。ここでは、配列を使って複数の**StudentCard**クラスのインスタンスを管理することを考えましょう。

たとえば、**StudentCard**クラスのインスタンスへの参照を3つ格納する配列を宣言する場合、**int**などの基本型の配列と同様に、次のように宣言します。

```
StudentCard[] cards = new StudentCard[3];
```

これで、**StudentCard**クラスのインスタンスへの参照を格納できる要素（入れ物）が3つできました。この3つの要素にインスタンスへの参照を代入するには、次のように書きます。図❺-7はそのイメージを表しています。

```
cards[0] = new StudentCard();
cards[0].id = 1234;
cards[0].name = "鈴木太郎";
cards[1] = new StudentCard();
cards[1].id = 1235;
cards[1].name = "佐藤花子";
cards[2] = new StudentCard();
cards[2].id = 1236;
cards[2].name = "山田二郎";
```

図❺-7　StudentCardクラスのインスタンスへの参照の配列

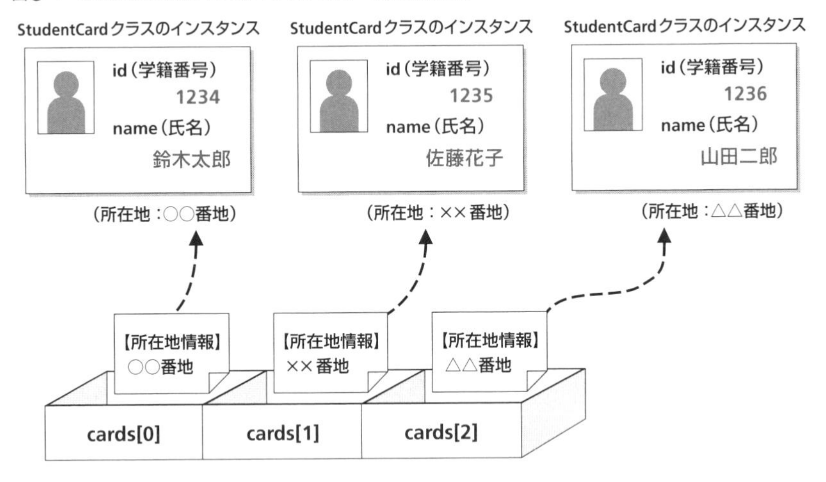

それでは、具体的な例として配列を使って**StudentCard**クラスのインスタンスを3つ管理するプログラムコードを作ってみましょう（List❺-3）。

List❺-3　05-03/InstanceArrayExample.java

```
 1: class StudentCard {
 2:     int id;   // 学籍番号
 3:     String name;   // 氏名
 4: }
 5:
 6: public class InstanceArrayExample {
 7:     public static void main(String[] args) {
 8:         StudentCard[] cards = new StudentCard[3];
 9:         cards[0] = new StudentCard();
10:         cards[0].id = 1234;
11:         cards[0].name = "鈴木太郎";
12:         cards[1] = new StudentCard();
13:         cards[1].id = 1235;
14:         cards[1].name = "佐藤花子";
```

配列の宣言です

新しいインスタンスを生成し、インスタンス変数idとnameに値を代入します

新しいインスタンスを生成し、インスタンス変数idとnameに値を代入します

```
15:         cards[2] = new StudentCard();
16:         cards[2].id = 1236;
17:         cards[2].name = "山田二郎";
18:
19:         for (int i = 0; i < 3; i++) {
20:             System.out.println("cards[" + i + "]の" + ➡
                                   "idは" + cards[i].id + ➡
                                   "、nameは" + cards[i].name);
21:         }
22:     }
23: }
```

新しいインスタンスを生成し、インスタンス変数idとnameに値を代入します

iの値が0から2までの間ループさせます

各インスタンスのidとnameの値を出力します

➡は紙面の都合で折り返していることを表します。

実行結果

```
cards[0]のidは1234、nameは鈴木太郎
cards[1]のidは1235、nameは佐藤花子
cards[2]のidは1236、nameは山田二郎
```

プログラムコードと実行結果を、よく見比べてみましょう。3つのインスタンスの参照が配列に格納され、それぞれのインスタンスには異なる情報を設定できました。

96ページで、配列と**for**文とは相性がよいと書いたように、19～21行目では、それぞれのインスタンスに格納された情報を参照するために**for**文を使っています。

このように配列は、複数のインスタンスを管理するのに使用できます。

何も参照しないことを表すnull

先ほどのプログラムコードでは、

```
StudentCard[] cards = new StudentCard[3];
```

と記述して、**StudentCard**クラスの参照を格納できる要素を3つ作りました。この直後の状態では、**cards[0]**、**cards[1]**、**cards[2]**にはまだ何も入っていません。このように、何も参照が入っていない状態を**null**（ヌル）という特別な値で表現します（注❺-9）。

たとえば、要素を3つ作った**StudentCard**型の配列に対し、次のようにして1つしかインスタンスを格納しなかったとします。

KEYWORD

●null

nullは「ナル」と読むこともあります。

```
StudentCard[]cards = new StudentCard[3];
cards[1] = new StudentCard();
cards[1].id = 1235;
cards[1].name = "佐藤花子";
```

この状態は図❺-8のように表せます。

図❺-8　要素数が3の配列に参照が1つだけ入った状態

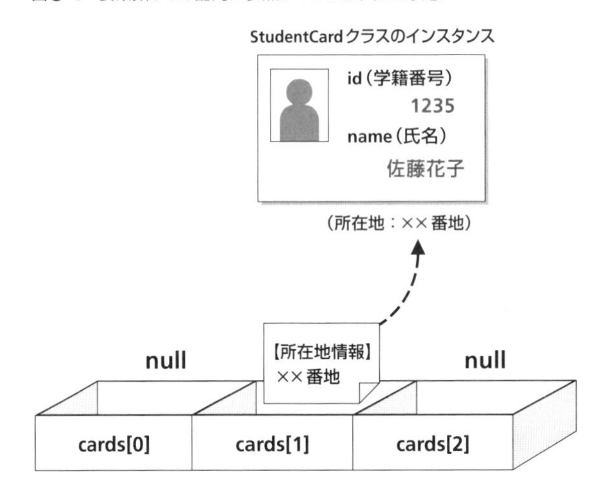

この後で次のように記述すると、実行時にエラーが発生し、プログラムが中断してしまいます。

```
System.out.println(cards[0].id);
```

つまり、**cards[0]**には、インスタンスへの参照が格納されていないため(注❺-10)、**cards[0].id**の値を出力できないのです。

注❺-10
代わりに**null**という値が入っています。

配列の要素に参照が入っているかどうかは、次の条件式でわかります。

```
if (cards[i] == null) { ←─ 配列の要素とnullを比較します
    System.out.println("参照がありません");
}
```

この**if**文は**cards[i]**の参照が**null**かどうか判定し、**null**であれば「参照がありません」とコンソールに出力します。List❺-4はこの**if**文を使い、参照がないときにも実行時エラーを起こさないようにしたプログラムコードです。

List❺-4 05-04/NullExample.java

```
 1: class StudentCard {
 2:     int id;  // 学籍番号
 3:     String name;  // 氏名
 4: }
 5:
 6: public class NullExample {
 7:     public static void main(String[] args) {
 8:         StudentCard[] cards = new StudentCard[3];
 9:         cards[1] = new StudentCard();
10:         cards[1].id = 1235;
11:         cards[1].name = "佐藤花子";
12:
13:         for (int i = 0; i < 3; i++) {
14:             if (cards[i] == null) {
15:                 System.out.println("cards[" ➡
                    + i + "]は参照がありません");
16:             } else {
17:                 System.out.println("cards[" ➡
                    + i + "]の" + "idは" + cards[i].id + ➡
                    "、nameは" + cards[i].name);
18:             }
19:         }
20:     }
21: }
```

配列の宣言です（8行目）

新しいインスタンスを生成し、インスタンス変数idとnameに値を代入します（9～11行目）

iの値が0から2までの間ループさせます（13行目）

新しく追加した条件分岐で、配列の要素とnullを比較しています（14行目）

➡は紙面の都合で折り返していることを表します。

実行結果

```
cards[0]は参照がありません
cards[1]のidは1235、nameは佐藤花子
cards[2]は参照がありません
```

配列の要素すべてに参照が格納されているわけではない場合は、要素の値が**null**かどうか調べ、適切な条件分岐をする必要があります。

メモ

参照型の変数には、何も参照していないことを表す**null**を代入できます。つまり、

```
StudentCard a = null;
```

と記述することもできるのです。**null**は、参照型の変数に代入できる値なのです。

これまでの説明を通して、参照型の変数に代入されるものは「インスタンスそのもの」ではなく、「インスタンスの参照」だということを理解できたと思います。大事なことなので、ここでもう一度確認しておきましょう。

```
StudentCard a = new StudentCard();
```

この記述では、変数aにStudentCardクラスのインスタンスの参照が代入されます。この「インスタンスの参照が代入される」という表現は正しいのですが、文章にすると少し長い、という欠点があります。したがって、「の参照」を省略して、単に「インスタンスが代入される」と表現することもあります。この場合でも、実際に代入されるのはインスタンスの所在地情報である「参照」だということを意識するようにしてください。

参照とメソッド

メソッドには引数を渡せることを4-2節で説明しました。これまでの例では、メソッドの引数はint型やdouble型など、基本型に限られていましたが、それ以外に、インスタンスの参照を受け渡しできます。

次のprintCardInfoメソッドは、StudentCardクラスのインスタンスの参照をcardという名前の変数で受け取ります。cardという変数には、受け取った参照が入っているため、これまでと同様にcard.idおよびcard.nameで、インスタンスの情報を参照できます。

```
static void printCardInfo(StudentCard card) {
  System.out.println("学籍番号：" + card.id);
  System.out.println("氏名：" + card.name);
}
```

StudentCardクラスのインスタンスの参照をcardという名前の変数で受け取ります
インスタンス変数の値を出力します

次のclearCardInfoメソッドは、インスタンスの情報を変更します。

```
static void clearCardInfo(StudentCard card) {
  card.id = 0;
  card.name = "未定";
}
```

StudentCardクラスのインスタンスの参照をcardという名前の変数で受け取ります
インスタンス変数の値を変更します

これらのメソッドがどのように機能するかをList❺-5で確認してみましょう。

List❺-5 05-05/ReferenceExample.java

```
 1: class StudentCard {
 2:     int id;  // 学籍番号
 3:     String name;  // 氏名
 4: }
 5:
 6: public class ReferenceExample {
 7:     static void printCardInfo(StudentCard card) {
 8:         System.out.println("学籍番号：" + card.id);
 9:         System.out.println("氏名：" + card.name);
10:     }
11:
12:     static void clearCardInfo(StudentCard card) {
13:         card.id = 0;
14:         card.name = "未定";
15:     }
16:
17:     public static void main(String[] args) {
18:         StudentCard a = ➡
            new StudentCard();
19:         a.id = 1234;
20:         a.name = "鈴木太郎";
21:
22:         printCardInfo(a);
23:         clearCardInfo(a);
24:         printCardInfo(a);
25:     }
26: }
```

StudentCardクラスのインスタンスの参照をcardという名前の変数で受け取ります
インスタンス変数の値を出力します
インスタンス変数の値を変更します
新しいインスタンスを生成し、インスタンス変数idとnameの値を設定します
インスタンスの参照をprintCardInfoメソッドに渡しています
インスタンスの参照をclearCardInfoメソッドに渡しています
インスタンスの参照をprintCardInfoメソッドに渡しています

➡は紙面の都合で折り返していることを表します。

実行結果

```
学籍番号：1234
氏名：鈴木太郎
学籍番号：0
氏名：未定
```

実行結果から、**StudentCard**のインスタンスの参照をメソッドに渡し、メソッドでは受け取った参照をもとに、インスタンスの情報を参照したり、変更したりできていることを確認できます。

メソッドに渡しているものは、インスタンスそのものではなくて、参照であることに注意しましょう（図❺-9）。

図❺-9 メソッドへの参照の受け渡し

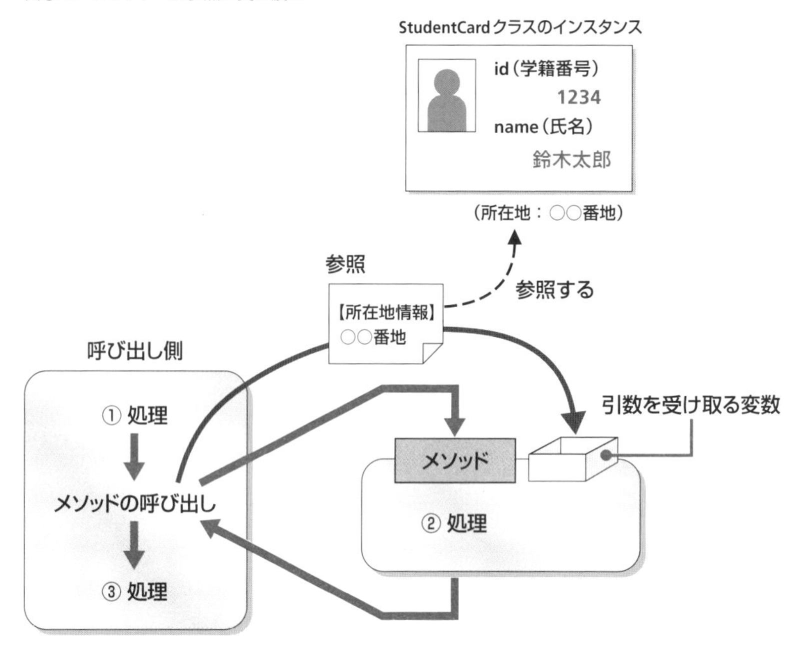

List❺-5は、メソッドの引数に参照を用いる例でしたが、参照をメソッドの戻り値にすることもできます。

次の**compareCards**メソッドは、**StudentCard**クラスのインスタンスの参照を2つ受け取り、**id**の値が小さいほうのインスタンスの参照を戻します。戻り値の型が**StudentCard**となっています。

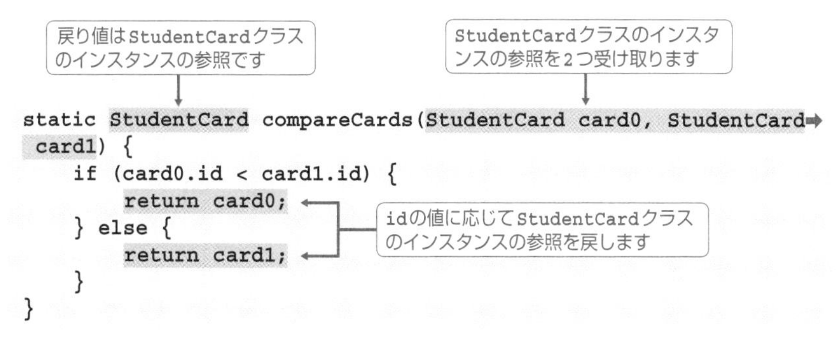


```
static StudentCard compareCards(StudentCard card0, StudentCard➡
 card1) {
    if (card0.id < card1.id) {
        return card0;
    } else {
        return card1;
    }
}
```

➡は紙面の都合で折り返していることを表します。

クラスの宣言とファイル

これまで、2つのクラスを次のように1つのファイルの中で宣言してきました。

```
class StudentCard {
    (中略)
}

public class Example {
    public void main(String args) {
        // StudentCardクラスを使った処理を行う
        (中略)
    }
}
```

このように複数のクラスの宣言を1つのファイルの中に記述することができる一方で、次のように別々のファイルに分けて記述することもできます。

StudentCard.java

```
public class StudentCard {   ← クラスの宣言が1つしかない場合は、宣言の先頭にpublicキーワードをつけるのが一般的です
    (中略)
}
```

Example.java

```
public class Example {
    public void main(String args) {
        // StudentCardクラスを使った処理を行う
        (中略)
    }
}
```

たくさんのクラスから構成されるプログラムを作成するときには、このようにクラスごとにファイルを別々にするのが一般的です（注❺-11）。このようにすると、複数のクラスをファイル単位で管理できるというメリットがあります。

注❺-11
ファイル名はクラス名と同じにする必要があります。

本書では、1つのプログラムコードで全体が見渡せるように、複数のクラスの宣言を1つのファイルの中に記述してしまう例が多いのですが、複数のファイルに分けた例を紹介することもあります。どちらも同じように機能します。

メモ

Eclipseで新しいクラスを別のファイルに作成するには、クラスを追加するプロジェクトを選択した状態でメニューの［新規］→［クラス］を選択します。

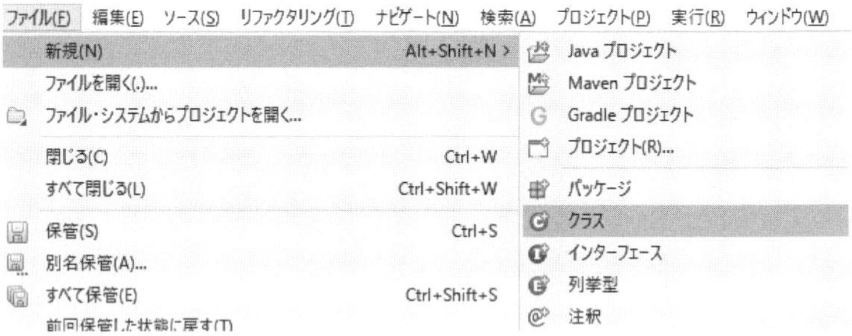

ファイル(F) 編集(E) ソース(S) リファクタリング(T) ナビゲート(N) 検索(A) プロジェクト(P) 実行(R) ウィンドウ(W)
新規(N) Alt+Shift+N >
ファイルを開く(.)...
ファイル・システムからプロジェクトを開く...
閉じる(C) Ctrl+W
すべて閉じる(L) Ctrl+Shift+W
保管(S) Ctrl+S
別名保管(A)...
すべて保管(E) Ctrl+Shift+S
前回保管した状態に戻す(T)

Java プロジェクト
Maven プロジェクト
Gradle プロジェクト
プロジェクト(R)...
パッケージ
クラス
インターフェース
列挙型
注釈

18ページの説明と同様に、クラス名を入力して［完了］ボタンをクリックすると、クラスを宣言するための新しいファイルがプロジェクトの中に作成されます。

ワン・モア・ステップ！

インスタンス変数の初期値

インスタンス変数は、インスタンスが生成されるときに自動的に初期化されます。第2章の2-2節で説明したように、通常の変数は初期化しないで使用するとエラーになりますが、インスタンス変数は初期化をする命令文を記述しなくても使用できます。

では、インスタンス変数を初期化しないで参照した場合、どのような値になっているのでしょうか。次のプログラムコードで調べられます。

List❺-6 05-06/InitializationTest.java

```
class DataSet {
    int i;
    double d;
    boolean b;
    String s;
    DataSet data;
}

class InitializationTest {
    public static void main(String[] args) {
        DataSet dataSet = new DataSet();
```

さまざまな型のインスタンス変数を持つクラスを宣言します

自分自身のクラスの参照型も変数として宣言できます

インスタンスを生成します

```
        System.out.println(dataSet.i);
        System.out.println(dataSet.d);
        System.out.println(dataSet.b);
        System.out.println(dataSet.s);
        System.out.println(dataSet.data);
    }
}
```

各インスタンス変数を出力します

実行結果

```
0
0.0
false
null
null
```

int型、double型の変数は0、boolean型の変数はfalseに初期化されていることがわかります。また、String、DataSetなどの参照型の変数は「何も参照していない」ことを表すnullで初期化されています。

登場した主なキーワード

- **参照型**：インスタンスの所在地情報を格納する変数の型。基本型以外の変数はすべて参照型です。
- **参照**：インスタンスの所在地情報のこと。
- **null**：何も参照しないことを表す特別な値。

まとめ

- 変数の型は、基本型または参照型のどちらかです。
- 参照型の変数には、インスタンスそのものではなく、インスタンスの所在地情報である「参照」が格納されます。
- 変数の値がnullであるときには、何も参照しないことを表します。
- インスタンス変数は最初から初期化された状態で使用できます。

5-4 クラス活用の実例（バーチャルペット・ゲームの作成）

学習のポイント

- 具体的なクラスの活用例を学びます。
- 単純なバーチャルペット・ゲームの作成を通して本章で学んだことを復習します。

実例を用いた学習内容の確認

これまでに、フィールドを持つクラスを定義して、そのインスタンスを生成する方法を学習しました。ここでは、学習した内容の範囲で、単純なバーチャルペット・ゲームの作成を行うようすを紹介します。バーチャルペット・ゲームとは、コンピュータの中で、仮想的な動物の育成を行うものです。ここでは、イヌ型のバーチャルペットを育てるゲームを想定しましょう。

図❺-10　バーチャルペット・ゲームのイメージ

今のところ、学習した内容が限られるので、ほとんどゲームらしいことは何もできませんが、これまでに学習した内容の再確認をしましょう。本章以降でも、

学習した内容を追加しながら、少しずつ作成を進めていきます。

バーチャルドッグのクラスを定義する

今回はイヌ型のバーチャルペットを使うので、**VirtualDog**という名前のクラスを宣言しましょう。

```
class VirtualDog {
}
```

これだけでは情報が何もないので、**VirtualDog**クラスには、名前（**String**型）、体力の最大値（**int**型）、そして現在の体力（**int**型）の情報を持たせるものとしましょう。

これには、**VirtualDog**クラスのフィールドを次のように宣言します。

```
class VirtualDog {
    String name;     // 名前
    int maxEnergy;   // 最大体力
    int energy;      // 現在の体力
}
```

本章で学習した**StudentCard**クラスでは、**id**と**name**という2つの値をまとめて管理できましたが、**VirtualDog**クラスでは、**name**、**maxEnergy**、**energy**という3つの値をまとめて管理します。**name**は文字列、**maxEnergy**と**energy**は整数です。

バーチャルドッグのインスタンスを生成する

続いて、クラスの宣言に基づいて、バーチャルドッグの実体を作っていくことになります。これはつまり、「インスタンスを生成する」ということです。

newキーワードを使って**VirtualDog**クラスのインスタンスを生成し、その参照を変数に格納するには、次のように記述します。

```
VirtualDog taro = new VirtualDog();
```

ここでは、生成したインスタンスの参照を変数tAROに格納しています。

インスタンスを生成したら、これにインスタンス変数の値を設定しましょう。次のように、名前を"タロ"、最大体力を100、現在の体力を50とします。

```
taro.name = "タロ";
taro.maxEnergy = 100;
taro.energy = 50;
```

この時点で、図❺-11のようなイメージがきちんとできているか確認しましょう。

図❺-11 VirtualDogクラスのインスタンスと、インスタンス変数に情報を格納したようす

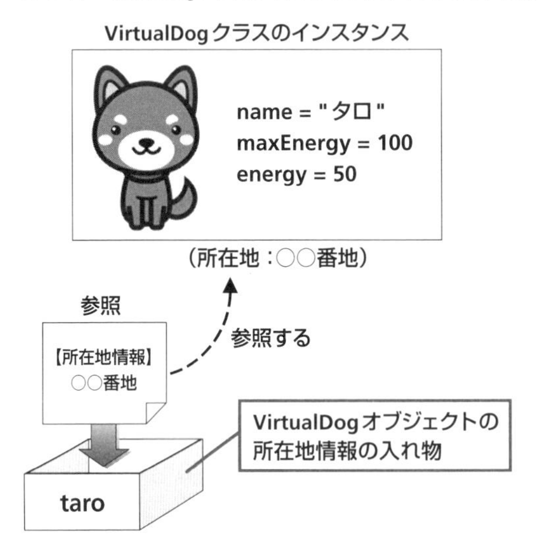

このようにして設定したインスタンス変数の値は、次のようにして出力し、確認できます。

```
System.out.println("名前：" + taro.name);
System.out.println("最大体力：" + taro.maxEnergy);
System.out.println("体力：" + taro.energy);
```

一度クラスの定義をしてしまえば、インスタンスはいくつでも生成できます。たとえば、次のようにして、また新しいインスタンスを生成し、その参照をjiroという名前の変数に格納できます。

```
VirtualDog jiro = new VirtualDog();
jiro.name = "ジロ";
jiro.maxEnergy = 80;
jiro.energy = 40;
```

作成されたプログラムコードと実行結果

これまでの説明の流れで、実際に作られるプログラムコードの全体はList❺-7のようになります。

プログラムコードの中では、図❺-12に示すような、バーチャルドッグ2匹分のインスタンスを生成し、それぞれに名前と最大体力、現在の体力の値を設定しています。

最後に、確認のためにそれぞれの情報を出力するようにしています。

図❺-12　バーチャルドッグ2匹分の情報

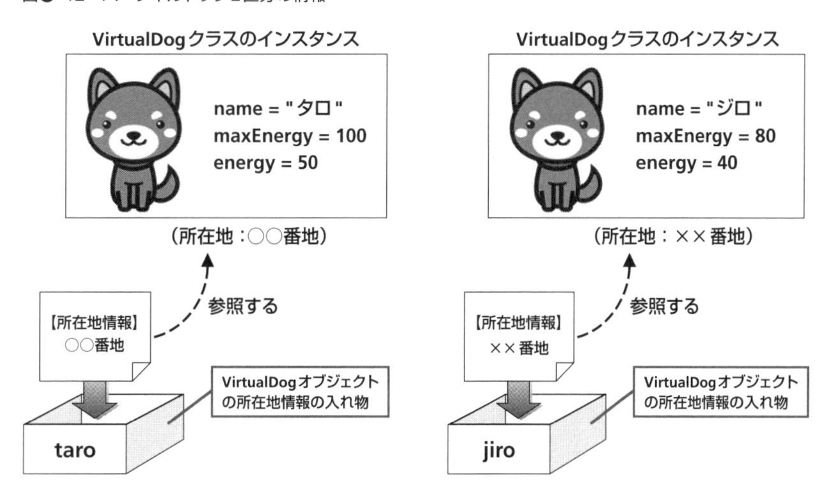

List ❺-7　05-07/VirtualPetGame.java

```
1: class VirtualDog {
2:     String name;      // 名前
3:     int maxEnergy;    // 最大体力
4:     int energy;       // 現在の体力
5: }
6:
7: public class VirtualPetGame {
8:     public static void main(String[] args) {
9:         VirtualDog taro = new VirtualDog();
```

VirtualDogクラスの宣言です

VirtualDogクラスのインスタンスを生成します

```
10:         taro.name = "タロ";
11:         taro.maxEnergy = 100;
12:         taro.energy = 50;
13:
14:         VirtualDog jiro = new VirtualDog();
15:         jiro.name = "ジロ";
16:         jiro.maxEnergy = 80;
17:         jiro.energy = 40;
18:
19:         // バーチャルペット taro の情報を出力
20:         System.out.println("名前：" + taro.name);
21:         System.out.println("最大体力：" + taro.maxEnergy);
22:         System.out.println("体力：" + taro.energy);
23:
24:         // バーチャルペット jiro の情報を出力
25:         System.out.println("名前：" + jiro.name);
26:         System.out.println("最大体力：" + jiro.maxEnergy);
27:         System.out.println("体力：" + jiro.energy);
28:     }
29: }
```

VirtualDogクラスのインスタンスを生成します

実行結果

```
名前：タロ
最大体力：100
体力：50
名前：ジロ
最大体力：80
体力：40
```

プログラムコードをよく読み、動作をイメージしてみましょう。

実行結果から、それぞれのバーチャルドッグの情報が**VirtualDog**クラスのインスタンスに格納できていることを確認できます。

この章以降でも、それぞれの章で学習した内容を反映して、このプログラムを少しずつ改良していきます。

まとめ

- 一緒に管理したいデータをひとまとめにするためにクラスを使用できます。
- 1つのインスタンスで、1つのデータのまとまりを管理できます。

練習問題

5.1 次の文章の空欄に入れるべき語句を、選択肢 (a) ～ (h) から選び、記号で答えてください。

- Java言語は [(1)] 指向型の言語といわれ、クラスは [(1)] の属性や機能を定義したものです。
- クラスの宣言の中で [(1)] の持つ情報を定義したものを [(2)] と呼び、機能を定義したものを [(3)] と呼びます。
- newを使って、クラスの [(4)] を生成できます。
- 変数の型を大別すると、intやdoubleなどの [(5)] 型と、[(4)] の所在地情報を格納する [(6)] 型があります。
- [(6)] 型の変数に、何の所在地情報も入っていない状態を [(7)] というキーワードで表現します。

【選択肢】

(a) 参照	(b) フィールド	(c) 関数	(d) オブジェクト
(e) メソッド	(f) null	(g) 基本	(h) インスタンス

5.2 次のプログラムコードの [(A)] に、各問いの条件に合うメソッドを追加してください。[(B)] には、そのメソッドを呼び出す命令文を記述してください。メソッドに戻り値がある場合は、受け取った戻り値を出力するようにしてください。引数の値は自由に決めてかまいません。

List ❺-8 05-P02/Practice.java

```
// 個人の情報を表すクラス
class Person {
    String name;  // 名前
    int age;      // 年齢
}

public class Practice {
    // ここに各設問のメソッドを追加する
    (A)

    public static void main(String[] args) {
        Person a = new Person();
        a.name = "高橋太郎";
        a.age = 19;
        Person b = new Person();
        b.name = "小林花子";
        b.age = 18;
```

```
        // 追加したメソッドを呼び出す、戻り値がある場合には出力する
        (B)
    }
}
```

(1)
メソッド名： printInfo
引数列： Person p
戻り値の型： なし
処理の内容： 引数で受け取るPersonオブジェクトの、名前と年齢の情報を出力する。

(2)
メソッド名： ageCheck
引数列： Person p, int i
戻り値の型： boolean
処理の内容： 引数で受け取るPersonオブジェクトの年齢が、引数iの値を超えている場合はtrueを、そうでない場合はfalseを返す。

(3)
メソッド名： printYoungerPersonName
引数列： Person p1, Person p2
戻り値の型： なし
処理の内容： 引数で受け取る2つのPersonオブジェクトのうち、年齢の若い方の名前を出力する。ただし、同じ年齢の場合はp1の名前を出力する。

(4)
メソッド名： getTotalAge
引数列： Person p1, Person p2
戻り値の型： int
処理の内容： 引数で受け取る2つのPersonオブジェクトの、年齢の合計を返す。

第6章　クラスの一歩進んだ使い方

コンストラクタ
インスタンスメソッド
クラス変数とクラスメソッド
メソッドの活用の実例
（バーチャルペット・ゲームの改良）

この章のテーマ

本章では、インスタンスが生成されるタイミングで自動的に実行される命令をまとめた「コンストラクタ」や、「インスタンスメソッド」と「クラスメソッド」の違い、「インスタンス変数」と「クラス変数」の違いなど、クラスの一歩進んだ使い方を学習します。

6-1 コンストラクタ

学習のポイント

- インスタンスが生成されるときに、自動的に実行される命令をまとめたものを「コンストラクタ」と呼びます。
- コンストラクタには、インスタンスの初期化に用いる値を、引数として渡すことができます。

KEYWORD
- 初期値
- コンストラクタ

コンストラクタとは

これまでの章の例では、学籍番号が「1234」、氏名が「鈴木太郎」である**StudentCard**クラスのインスタンスを生成するときには、次のように記述しました。

```
StudentCard a = new StudentCard();
a.id = 1234;
a.name = "鈴木太郎";
```

このプログラムコードでは、**StudentCard**クラスのインスタンスを生成し、そのインスタンス変数である**id**と**name**の値を設定しています。このように、最初に設定される値のことを初期値（しょきち）といいます。

ここで、ちょっと考えてみましょう。そもそも、**StudentCard**クラスは学生の情報を格納するためのクラスですから、インスタンスを生成した後には必ず学籍番号と氏名を設定します。それであれば、毎回このように3行の命令文を記述するのは手間のような気がします。インスタンスを生成するときに、たとえば次のようにして、一度に初期値の設定もできたら便利です。

```
StudentCard a = new StudentCard(1234, "鈴木太郎");
```

インスタンスの生成と初期値の設定を一度に行う

実は、このようなことはコンストラクタを使うことで実現できます。コンストラクタは英語で「構築するもの」という意味で、インスタンスが生成されるときに自動的に実行される命令を記述したものです。

コンストラクタの構文は次のとおりです。

構文❻-1　コンストラクタの宣言

```
クラス名(引数列) {
    命令文
}
```

戻り値の定義はありません
クラス名を使います
引数を受け取れます

StudentCardクラスにコンストラクタを追加するのであれば、次のような形で宣言することになります。

```
StudentCard(int id, String name) {
    初期化を行う命令など
}
```

コンストラクタの宣言は第4章で学習したメソッドの宣言と似ていますが、staticキーワードがつきません。また、メソッド名に相当する箇所がクラスの名前となり、戻り値を定義できないという点でもメソッドの宣言と異なります。

コンストラクタの例

それでは、StudentCardクラスにコンストラクタを追加してみましょう（List❻-1）。

List❻-1　06-01/StudentCard.java

```
 1: class StudentCard {
 2:     int id;  // 学籍番号
 3:     String name;  // 氏名
 4:
 5:     StudentCard(int id, String name) {
 6:         System.out.println("StudentCardクラスの➡
                          コンストラクタが呼び出されました");
 7:         this.id = id;
 8:         this.name = name;
 9:     }
10: }
```

コンストラクタの宣言です。コンストラクタはクラス名と同じ名前で、戻り値の定義がありません

インスタンス変数idに、1つ目の引数で渡された値を代入します

インスタンス変数nameに、2つ目の引数で渡された値を代入します

➡は紙面の都合で折り返していることを表します。

KEYWORD
● this

5〜9行目がコンストラクタの宣言です。

7行目と8行目にある**this.id**と**this.name**は初めて見る記述ですね。**this**は「自分自身」を意味するキーワードで、**this.id**はインスタンスから見た「自分自身のインスタンス変数**id**」という意味になります。7行目は、引数として受け取った**int**型の値をインスタンス変数の**id**に代入し、8行目では、引数として受け取った**String**型の値をインスタンス変数の**name**に代入しています。

次のプログラムコードは、**StudentCard**クラスに追加したコンストラクタを使って、**StudentCard**クラスのインスタンスを生成するように直したものです（List❻-2）。

List❻-2 06-02/ConstructorExample.java

```
 1: class StudentCard {
 2:     int id;  // 学籍番号
 3:     String name;  // 氏名
 4:
 5:     StudentCard(int id, String name) {
 6:         System.out.println("StudentCard➡
            クラスのコンストラクタが呼び出されました");
 7:         this.id = id;
 8:         this.name = name;
 9:     }
10: }
11:
12: public class ConstructorExample {
13:     public static void main(String[] args) {
14:         StudentCard a = new StudentCard(1234, "鈴木太郎");
15:
16:         System.out.println("aのidの値は" + a.id);
17:         System.out.println("aのnameの値は" + a.name);
18:     }
19: }
```

StudentCardクラスに追加したコンストラクタ

学籍番号と氏名を引数に指定して、StudentCardクラスのインスタンスを生成します

➡は紙面の都合で折り返していることを表します。

実行結果

```
StudentCardクラスのコンストラクタが呼び出されました
aのidの値は1234
aのnameの値は鈴木太郎
```

newキーワードを使ってインスタンスを生成したときに、コンストラクタが呼び出され、コンストラクタの中に記述された命令文が実行されます。実行結果を見ると、引数で渡した値がインスタンス変数に設定されていることがわかります。

このようにコンストラクタは、インスタンスを生成するときに初期設定を行う

目的で使うことができます。

コンストラクタのオーバーロード

List❻-2のように、引数を2つ受け取るコンストラクタを`StudentCard`クラスに宣言した場合は、インスタンスを生成するときに引数を必ず指定するようにします。次のような、引数を指定しない記述はエラーとなります。

```
new StudentCard();
```

ところが、コンストラクタもオーバーロードが可能です。オーバーロードについては、124ページで説明しました。つまり、同じクラスの中に、引数が異なるコンストラクタを宣言できるのです。場合によりインスタンスの生成方法を変えたいときには、コンストラクタのオーバーロードが役に立ちます。

たとえば、`StudentCard`クラスのインスタンスを生成するときに、学籍番号と氏名を最初から設定しておきたい場合と、仮に氏名だけ設定しておきたい場合、またはインスタンスを生成するときにはどちらも決められない場合があるとしましょう。このような場合、それぞれに応じて引数として受け取るものが異なるコンストラクタがあると便利です。

List❻-3のプログラムコードは、`StudentCard`クラスに次の3つのコンストラクタを宣言したものです。

- 引数が学籍番号（`int`型）と氏名（`String`型）の2つあるコンストラクタ
- 引数が氏名（`String`型）だけのコンストラクタ
- 引数のないコンストラクタ

この`StudentCard`クラスのインスタンスを、3通りの方法で生成しています。ここでは、インスタンスを生成するときの引数がそれぞれ異なることに注目してください。

List❻-3 06-03/ConstructorOverloadExample.java

```
1: class StudentCard {
2:     int id;  // 学籍番号
3:     String name;  // 氏名
4:
5:     StudentCard() {    ←引数のないコンストラクタです
```

```
 6:         System.out.println("引数のないコンストラクタが➡
                                               実行されました");
 7:         this.id = 0;
 8:         this.name = "未定";
 9:     }
10:
11:     StudentCard(String name) {   ← 1つの文字列を引数とするコンストラクタです
12:         System.out.println("引数が1つのコンストラクタが➡
                                               実行されました");
13:         this.id = 0;
14:         this.name = name;
15:     }
16:                                  1つの整数値と1つの文字列を引数とするコンストラクタです
17:     StudentCard(int id, String name) {  ←
18:         System.out.println("引数が2つのコンストラクタが➡
                                               実行されました");
19:         this.id = id;
20:         this.name = name;
21:     }
22: }
23:
24: public class ConstructorOverloadExample {
25:     public static void main(String[] args) {
26:         StudentCard a = ➡
            new StudentCard();   ← 引数のないコンストラクタを使います
27:         System.out.println("aのidの値は" + a.id);
28:         System.out.println("aのnameの値は" + a.name);
29:
30:         StudentCard b = ➡
            new StudentCard("鈴木太郎");   ← 引数が1つのコンストラクタを使います
31:         System.out.println("bのidの値は" + b.id);
32:         System.out.println("bのnameの値は" + b.name);
33:
34:         StudentCard c = ➡
            new StudentCard(1235, "佐藤花子");   ← 引数が2つのコンストラクタを使います
35:         System.out.println("cのidの値は" + c.id);
36:         System.out.println("cのnameの値は" + c.name);
37:     }
38: }
```

➡は紙面の都合で折り返していることを表します。

実行結果

```
引数のないコンストラクタが実行されました
aのidの値は0
aのnameの値は未定
引数が1つのコンストラクタが実行されました
bのidの値は0
bのnameの値は鈴木太郎
引数が2つのコンストラクタが実行されました
cのidの値は1235
cのnameの値は佐藤花子
```

追加された3つのコンストラクタのうち、インスタンスが生成されるときに実行されるのは1つだけです。どのコンストラクタが実行されるかは、引数の型と数によって決まります。

それぞれのコンストラクタの中では、学籍番号が引数で渡されなかった場合は、インスタンス変数**id**の値を**0**にし、氏名が引数で渡されなかった場合は、インスタンス変数**name**の値を"未定"にしています。

実行結果からは、インスタンスを生成するときの引数によって、実行されるコンストラクタが適切に選択されていることを確認できます。

登場した主なキーワード

- **コンストラクタ**:インスタンスが生成されるときに自動で実行される命令文をまとめたもの。

まとめ

- コンストラクタは、クラスのインスタンスが生成されるときに自動的に実行されます。
- コンストラクタには引数を渡すことができ、インスタンスの初期化のために使用できます。
- 引数の異なるコンストラクタを複数宣言できます。これをコンストラクタのオーバーロードといいます。

6-2 インスタンスメソッド

学習のポイント

- インスタンスには情報を格納するだけでなく、処理を実行する機能を持たせることができます。
- インスタンスが持つ機能を定義したものを「インスタンスメソッド」といいます。

インスタンスメソッドとは

第5章では、クラスを使用することで、まとめて扱いたい情報を管理できることを説明しました。**StudentCard**クラスの例では、各インスタンスのインスタンス変数**id**と**name**に、それぞれの学籍番号と氏名を格納して管理しました。このように、個々のインスタンスにそれぞれの「情報」を持たせることができました。

インスタンスには、さらに「機能」を持たせることもできます。この機能は、命令文をまとめたインスタンスメソッドによって実現します。インスタンスメソッドは、クラスの宣言の中に記述します。

KEYWORD
●インスタンスメソッド

ここで、第5章の5-1節で説明したクラスの構造を、再度確認しておきましょう。

```
class クラス名 {
        フィールドの宣言
        メソッドの宣言
}
```

クラスの宣言には、フィールドとメソッドの宣言が含まれていました。フィールドは「情報」、メソッドは「機能」です。

第4章では、複数の命令をまとめて名前をつけたクラスメソッドについて説明しましたが、ここで説明するメソッドは、インスタンスに機能を持たせるインスタンスメソッドです。インスタンスメソッドの宣言は次のように記述します。

構文❻-2 インスタンスメソッドの宣言

```
戻り値の型 メソッド名(引数列) {
    命令文
    return 戻り値;
}
```

クラスメソッドとの違いは、宣言に**static**キーワードがつかないという点だけで、それ以外は同じです。戻り値がない場合は**void**キーワードを使う点も同じです。

構文だけを見ると大きな違いがありませんが、インスタンスメソッドの中では、インスタンス変数を参照できる点が大きく異なります(注❻-1)。

注❻-1
クラスメソッドの中ではインスタンス変数を参照できません。

それでは、**StudentCard**クラスのインスタンスに、「変数**id**と**name**に格納されている情報を出力する」という機能を持たせることにしましょう。この機能を、**printInfo**という名前のインスタンスメソッドによって実現する場合、次のように**printInfo**メソッドの宣言を行います。

```
void printInfo() {
    System.out.println("学籍番号:" + this.id);
    System.out.println("氏名:" + this.name);
}
```

インスタンスメソッドの宣言です。staticキーワードがつきません

インスタンスメソッドの中ではthisキーワードを使って、インスタンス変数を参照できます

このように、インスタンスメソッドの中でインスタンス変数を参照するには、**this.**の後に変数名を続けます。コンストラクタの中で、**this**キーワードを使用したのと同じようにするのです。

それでは、次のプログラムコード(List❻-4)でインスタンスメソッドを追加したクラスの使い方を確認しましょう。

List❻-4 06-04/InstanceMethodExample.java

```
 1: class StudentCard {
 2:     int id;  // 学籍番号
 3:     String name;  // 氏名
 4:
 5:     StudentCard (int id, String name) {
 6:         this.id = id;
 7:         this.name = name;
 8:     }
 9:
10:     void printInfo() {
11:        System.out.println("学籍番号:" + this.id);
12:        System.out.println("氏名:" + this.name);
13:     }
14: }
```

StudentCardクラスに追加したインスタンスメソッドの宣言です

インスタンスメソッドでは、thisキーワードを使って、インスタンス変数を参照できます

```
15:
16: public class InstanceMethodExample {
17:     public static void main(String[] args) {
18:         StudentCard a = new StudentCard(1234, "鈴木太郎");
19:         StudentCard b = new StudentCard(1235, "佐藤花子");
20:         a.printInfo();   ← StudentCardクラスのインスタンスaに対してprintInfoメソッドを呼び出します
21:         b.printInfo();   ← StudentCardクラスのインスタンスbに対してprintInfoメソッドを呼び出します
22:     }
23: }
```

実行結果

```
学籍番号：1234   } StudentCardクラスのインスタンスaのprintInfoメソッドが実行された結果です
氏名：鈴木太郎
学籍番号：1235   } StudentCardクラスのインスタンスbのprintInfoメソッドが実行された結果です
氏名：佐藤花子
```

18〜19行目では、**StudentCard**クラスのインスタンスを2つ生成し、それぞれの参照を変数**a**と**b**に代入しています。

20〜21行目では、それぞれのインスタンスに対して**printInfo**メソッドを呼び出しています。インスタンスメソッドを呼び出すには、インスタンスを参照する変数の変数名に、ドット（**.**）とメソッド名を続けます。実行結果から、それぞれのインスタンスの**printInfo**メソッドによって、インスタンス変数の値が出力されていることを確認できます。

このように、**StudentCard**クラスに、新しく**printInfo**メソッドを追加することで、これまで情報を格納するだけだった学生証に、情報を出力する機能を追加できたことになります。

図❻-1で、もう一度、フィールドとメソッドの関係を確認しましょう。

図❻-1 StudentCardクラスにprintInfoメソッドを追加したようす

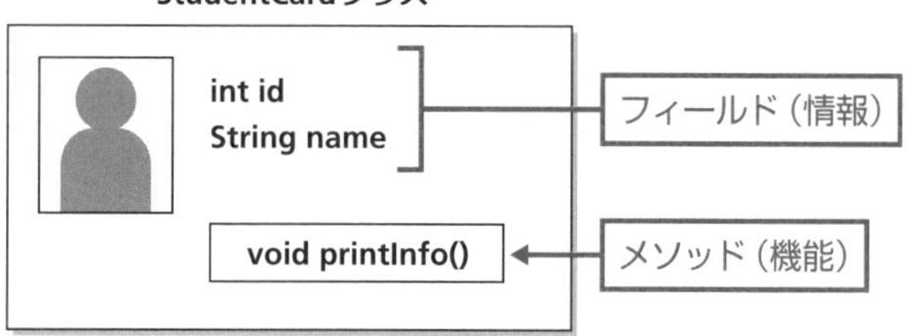

thisキーワードの省略

コンストラクタやインスタンスメソッドの中で、自分自身のインスタンス変数を参照するときには、「**this.変数名**」と記述しました。

しかし、**this**キーワードがなくても、それがインスタンス変数であることが明らかな場合は、**this.**を省略できます。**printInfo**メソッドの中には**this.id**と**this.name**という記述がありましたが、それを**id**、**name**と短く書けます。

```
void printInfo() {
    System.out.println("学籍番号：" + id);
    System.out.println("氏名：" + name);
}
```

ただし、次のコンストラクタのように、引数を受け取る変数の名前がインスタンス変数の名前と同じ場合には**this.**を省略できません。

```
StudentCard(int id, String name) {
    this.id = id;
    this.name = name;
}
```

なぜかというと、**this.**を省略すると**id = id**になってしまい、引数として渡されたものなのか、あるいはインスタンス変数なのかを区別できないためです。

引数として受け取る変数の名前は自由に設定できるので、引数を**id**、**name**ではない名前に変更すれば、**this.**を省略できます。

```
StudentCard (int i, String s) {   ← 引数として受け取る変数の名前を変更しました
    id = i;
    name = s;
}   └ this.を省略できます
```

また、あるインスタンスメソッドの中で、自分自身が持つ別のインスタンスメソッドを呼び出すときには、やはり**this**キーワードを使って、

```
this.メソッド名(引数列);
```

のように記述します。しかし、この**this.**も省略してかまわないため、

```
メソッド名(引数列);
```

と書くことができます。

登場した主なキーワード

- **インスタンスメソッド**：インスタンスに機能を追加するメソッドです。クラスメソッドと異なり、**static**キーワードがつきません。

まとめ

- インスタンスメソッドによって、インスタンスに機能を追加できます。
- インスタンスメソッドの中で、インスタンス変数を参照できます。
- インスタンス変数を参照するための**this.**は、省略することができます。

6-3 クラス変数とクラスメソッド

学習のポイント

- クラスには、インスタンスを生成しなくても使用できる変数（クラス変数）を宣言できます。
- クラスには、インスタンスを生成しなくても使用できるメソッド（クラスメソッド）を宣言できます。

クラス変数

クラスのフィールドでは、インスタンス変数を宣言することができました。復習になりますが、インスタンス変数とは、生成されたインスタンスが各自で扱うことのできる変数です。いわば個々のインスタンスが持つ変数です。

実は、フィールドにはもう1種類、宣言できる変数があります。それは「クラスが持つ変数」といえるもので、クラス変数（へんすう）といいます。

KEYWORD
- クラス変数
- static

クラス変数は、主にそのクラスに関する情報や、そのクラスから生成されたインスタンス全部にかかわる情報、あるいはインスタンスの間で共有したい値を扱うために使われます。また、インスタンスを生成しなくても使用できる、という特徴もあります。

クラス変数の使われ方をイメージするのは、具体例を見ないと難しいかもしれませんね。ここではクラス変数を使う例として、**StudentCard**クラスに**counter**という名前のクラス変数を追加し、生成した**StudentCard**クラスのインスタンスの数を格納してみます。まずはクラス変数を使うための構文の確認です。

クラス変数の宣言は、インスタンス変数の宣言とほぼ同じですが、先頭に**static**（スタティック）キーワードをつけます。

構文❻-3 クラス変数の宣言

```
static 変数の型 変数名;
```

StudentCardクラスでクラス変数**counter**を宣言するときには、フィールドへ次のように記述します。

```
static int counter;
```

このクラス変数を参照するときには、

```
StudentCard.counter
```

のように、クラス名にドット（**.**）をつけます。図❻-2は、**StudentCard**クラスに、クラス変数**counter**を追加したときのイメージです。

図❻-2 クラス変数とインスタンス変数の違い

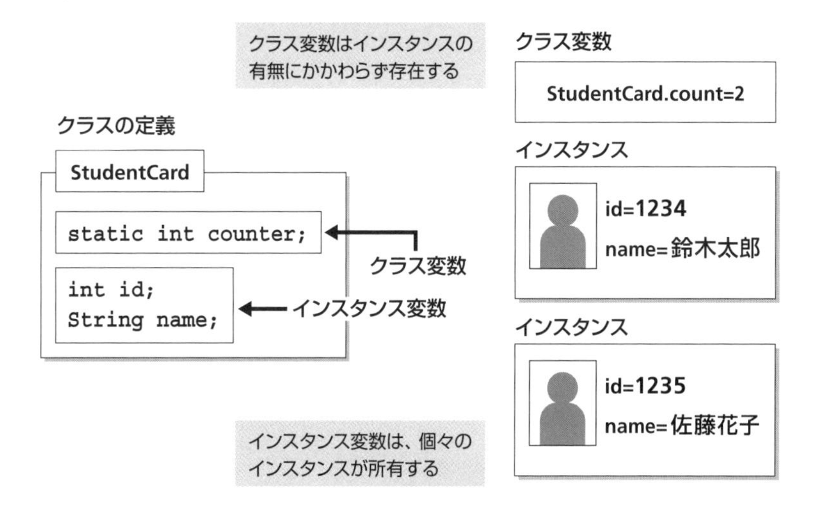

インスタンス変数は個々のインスタンスがそれぞれに所有していますが、クラス変数はインスタンスの有無にかかわらず、全体で1つだけ存在します。

生成された**StudentCard**クラスのインスタンスの数を、クラス変数**counter**に代入するには、**StudentCard**クラスを次のプログラムコードのように宣言します（List❻-5）。

List❻-5 06-05/StudentCard.java

```
1: class StudentCard {
2:     static int counter = 0;   ← クラス変数の宣言です。ゼロで初期化しています
3:     int id;  // 学籍番号
4:     String name;  // 氏名
5:
6:     StudentCard(int id, String name) {  ← コンストラクタの宣言です
```

```
 7:         System.out.println("StudentCardクラスの➡
                                 コンストラクタが呼び出されました");
 8:         this.id = id;
 9:         this.name = name;
10:         StudentCard.counter++;    ← クラス変数counter
                                        の値を1増やします
11:     }
12: }
```

➡は紙面の都合で折り返していることを表します。

2行目でクラス変数**counter**を**0**で初期化しています。コンストラクタの中（10行目）では、この値を1増やしています。つまり、**counter**はインスタンスが1つ生成されるたびに1増えるので、それまでに生成したインスタンスの数が格納されることになります。

次のプログラムコードは、ここで宣言した**StudentCard**クラスを使用する例です（List❻-6）。

List❻-6　06-06/StaticVariableExample.java

```
1: public class StaticVariableExample {
2:     public static void main(String[] args) {
3:         System.out.println("StudentCard.counter=" + ➡
                                 StudentCard.counter);
4:         StudentCard a = new StudentCard(12345, "鈴木太郎");
5:         System.out.println("StudentCard.counter=" + ➡
                                 StudentCard.counter);
6:         StudentCard b = new StudentCard(12346, "佐藤花子");
7:         System.out.println("StudentCard.counter=" + ➡
                                 StudentCard.counter);
8:     }
9: }
```

➡は紙面の都合で折り返していることを表します。

実行結果

```
StudentCard.counter=0
StudentCardクラスのコンストラクタが呼び出されました
StudentCard.counter=1
StudentCardクラスのコンストラクタが呼び出されました
StudentCard.counter=2
```

インスタンスを生成し、コンストラクタが呼び出されるたびに、クラス変数**StudentCard.counter**の値が1ずつ増えていることが確認できます。ところで、3行目で**StudentCard.counter**の値をコンソールに出力していますが、この時点ではまだインスタンスを1つも生成していません。クラス変数はクラスが持つ変数なので、インスタンスが生成されたかどうかに関係なく参照できるのです。

クラス変数の初期化

インスタンス変数の初期化は、インスタンスの生成時に実行されるコンストラクタの中で行うことができました。しかし、クラス変数はインスタンスを生成する前から存在するので、コンストラクタの中で初期化することはできません。クラス変数の初期化はどこで行えばよいのでしょうか？

クラス変数の初期化は、フィールドでのクラス変数の宣言と同時に行うようにします。その構文は次のとおりです。

構文❻-4 クラス変数の宣言と初期化を同時に行う

```
static 変数の型 変数名 = 初期値;   ←クラス変数は宣言と同時に初期化を行う
```

たとえば**StudentCard**クラスのクラス変数**counter**を0で初期化する場合は、次のように宣言します（実は先のList❻-5でもこのようにしていました）。

```
class StudentCard {
    static int counter = 0;
    (中略)
}
```

なお、インスタンスの生成の有無にかかわらず、クラス変数の初期化はプログラム全体を通して1回だけ行われます。

クラス名の省略

メソッドの中でインスタンス変数を参照するときには、**this**キーワードを省略できました。同じように、クラス変数を参照するときに書くクラス名も、そのクラスのクラス変数であることが明らかであれば省略できます。

List❻-5では、コンストラクタが次のように記述されていました。

```
StudentCard (int id, String name) {
    System.out.println("StudentCardクラスのコンストラクタが➡
                         呼び出されました");
    this.id = id;
    this.name = name;
    StudentCard.counter++;
}
```

➡は紙面の都合で折り返していることを表します。

`counter`という変数は、クラス変数として宣言されていることが明らかなので（ほかに`counter`という変数はありません）、`StudentCard.counter++;`は`counter++;`と変数名だけにすることもできます。

> **メモ**
>
> 実際のプログラムコードでは、記述を簡単にするために、省略できる**this**やクラス名は省略されることがよくあります。プログラムコードを読むときには、それぞれの変数がインスタンス変数なのか、クラス変数なのか、あるいはローカル変数なのかに注意することが大事です。

クラスメソッド

KEYWORD
●クラスメソッド

フィールドにインスタンス変数とクラス変数があるように、メソッドにもインスタンスメソッドとクラスメソッドがあります。どちらもこれまでに説明済みのもので、インスタンスメソッドは6-2節で説明したように、インスタンスが持つ機能のことで、インスタンスを生成した後で使用できるメソッドです。一方でクラスメソッドは、インスタンスを生成しなくても呼び出すことができるメソッドで、第4章で説明したものです。メソッドの宣言の先頭に`static`キーワードをつけます。

クラスメソッドを呼び出すには、クラス変数と同じようにクラス名にドット（.）をつけます。

```
クラス名.メソッド名(引数)
```

クラスメソッドは、クラス変数と同じように、インスタンスを生成しなくても呼び出すことができます。そのため、第4章で学習したときのように、単に引数を使って計算した結果を返すだけ、といったメソッドをクラスに持たせる場合などで使用します（注❻-2）。

次に示す`SimpleCalc`クラスは、`double`型の引数`base`（底辺の長さ）と`height`（高さ）を受け取り、三角形の面積（底辺の長さ×高さ÷2）を返すクラスメソッド`getTriangleArea`を持っています（List❻-7）。

注❻-2
引数を使って計算を実行し、その結果を返すだけであれば、インスタンス変数は必要ありません。インスタンス変数を必要としないのであれば、インスタンスを生成する必要はありません。

List❻-7　06-07/SimpleCalc.java

```
1: public class SimpleCalc {
2:     static double getTriangleArea(double base, double ➡
       height) {
3:         return base * height / 2.0;
4:     }
5: }
```

クラスメソッドの宣言では、staticキーワードを戻り値の型の前に記述します

➡は紙面の都合で折り返していることを表します。

SimpleCalcクラスで宣言された**getTriangleArea**クラスメソッドを呼び出すプログラムコードは、次のようになります（List❻-8）。

List❻-8　06-07/StaticMethodExample.java

```
1: public class StaticMethodExample {
2:     public static void main(String[] args) {
3:         System.out.println("底辺が10、高さが5の三角形の面積は"
4:         + SimpleCalc.getTriangleArea(10.0, 5.0) + "です");
5:     }
6: }
```

クラスメソッドは「クラス名.メソッド名」で呼び出せます

実行結果

```
底辺が10、高さが5の三角形の面積は25.0です
```

クラスメソッドは、このようにインスタンスを生成しなくても使用できます。**SimpleCalc**クラスの単純な計算処理のように、インスタンス変数を用いない処理を行う場合にクラスメソッドは便利です（注❻-3）。

注❻-3
Javaには、このようにインスタンスを生成する必要のない、クラスメソッドで数学的な計算を行う**java.lang.Math**クラスがあります。詳しくは実践編で学習します。

メモ

クラスメソッドはインスタンスを生成しなくても使用できるので、クラスメソッドの中からインスタンス変数を参照したり、インスタンスメソッドを呼び出したりすることはできません。

クラス構造の復習

ここまでの説明で、クラスの作成とその使い方についてひととおり見てきました。ここでもう一度、クラスの構造について復習してみましょう。

第5章の5-1節で説明したように、クラスの宣言にはフィールドとメソッドが

含まれます。フィールドにはインスタンス変数とクラス変数が含まれ、メソッドにはインスタンスメソッドとクラスメソッドが含まれます。また、インスタンスを生成するときに自動的に実行されるコンストラクタも含めることができます。

それぞれ、次のような目的で使用します（カッコ内は、それぞれの説明を行った場所を表しています）。

●インスタンス変数（5-2節）

個々のインスタンスが持つ変数です。インスタンスの「情報」を格納するために使用します。

●クラス変数（6-3節）

クラスが持つ変数で、インスタンスを生成しなくても使用できます。変数の宣言に`static`をつけます。

●インスタンスメソッド（6-2節）

インスタンスの「機能」を定義したものです。複数の命令をひとまとまりにしています。引数を受け取って、戻り値を返すことができます。メソッドの中でインスタンス変数にアクセスできます。

●クラスメソッド（6-3節）

クラスに備わったメソッドで、「クラス名.メソッド名」という記述で呼び出せます。このメソッド内では、インスタンス変数にはアクセスできません。メソッドの宣言に`static`をつけます。

●コンストラクタ（6-1節）

インスタンスが生成されるときに自動的に実行される命令を集めたものです。メソッドと同じように引数を受け取れますが、クラス名と同じ名前で、戻り値は定義できません。

これらは、これから先の学習にも必要なものです。まだ十分に理解できていないものがある場合は、もう一度復習するようにしましょう。

登場した主なキーワード

- **クラス変数**：インスタンスを生成しなくても使用できる変数。「クラス名.変数名」で参照できます。
- **クラスメソッド**：インスタンスを生成しなくても使用できるメソッド。「クラス名.メソッド名」で呼び出せます。

まとめ

- クラス変数とクラスメソッドの宣言には`static`キーワードを用います。
- クラス変数とクラスメソッドはインスタンスを生成しなくても使用できます。
- クラス変数とクラスメソッドを参照したり呼び出したりするには、クラス名の後ろにドット（`.`）を記し、その後ろに変数名あるいはメソッド名を記述します。

6-4 メソッドの活用の実例（バーチャルペット・ゲームの改良）

学習のポイント

- メソッドとコンストラクタのあるクラスの活用例を学びます。
- この章で学習した内容を利用して、5-4節で作成したVirtualDogクラスを改良してみます。

メソッドの追加

この章で学習したメソッドとコンストラクタを活用して5-4節で作成したVirtualDogクラスを改良しましょう。

これまでに作成したVirtualDogクラスは次のようになっていました。

```
class VirtualDog {
    String name;     // 名前
    int maxEnergy;   // 最大体力
    int energy;      // 現在の体力
}
```

さっそく、このVirtualDogクラスに、次のような3つのインスタンスメソッドを追加してみましょう。ただし、説明文中の<名前>は、インスタンス変数のnameの値であるとします。

① メソッド名： sleep（寝る）

処理の内容：
- 「<名前>：よく寝た。体力が回復したよ。」というメッセージを出力する。
- 体力が最大まで回復する。

② メソッド名： walk（歩く）

処理の内容：
- 体力が10未満の場合は「<名前>：疲れちゃって、これ以上歩けないよ。」というメッセージを出力する。
- 体力が10以上の場合は「<名前>：歩いたよ。体力が10

減った。最大体力が1増えた。」というメッセージを出力し、体力を10減らして最大体力を1増やす。

③ メソッド名： **printInfo**（情報出力）
処理の内容： 現在の情報を出力する。

これらのメソッドは、どれも引数がなく、戻り値もありません。
それぞれを、次のように宣言できます。

sleepメソッド

```
void sleep() {
    System.out.println(this.name + "：よく寝た。体力が回復したよ。");
    this.energy = this.maxEnergy;  ←現在の体力の値を最大体力の値にします
}
```

walkメソッド

```
void walk() {
    if (this.energy < 10 ) {
        System.out.println(this.name + ➡
        "：疲れちゃって、これ以上歩けないよ。");     } 体力が10未満のときの処理
    } else {
        System.out.println(this.name + ➡
        "歩いたよ。体力が10減った。最大体力が1増えた。");
        this.energy -= 10;   // 体力が10減る         } 体力が10以上のときの処理
        this.maxEnergy++;    // 最大体力が1増える
    }
}
```

➡は紙面の都合で折り返していることを表します。

printInfoメソッド

```
void printInfo() {
    System.out.println("[状態出力]");
    System.out.println("名前：" + this.name);
    System.out.println("最大体力：" + this.maxEnergy);   } インスタンス変数の値を出力します
    System.out.println("体力：" + this.energy);
}
```

printInfoメソッドでは、インスタンス変数の値を出力するようにします。このようなメソッドを作成しておくと、インスタンスの情報を確認するときに、同じようなプログラムコードを毎回記述しなくても、**printInfo**メソッドを呼び出すだけで済むようになって便利です。

引数のあるコンストラクタの追加

5-4節で作成したプログラムコードでは、次のようにして`VirtualDog`クラスのインスタンス変数に初期値を設定していました。

```
VirtualDog taro = new VirtualDog();   ← インスタンスを生成します
taro.name = "タロ";
taro.maxEnergy = 100;                  } インスタンス変数に値を設定します
taro.energy = 50;
```

この方法だと、うっかり名前や体力の値を設定し忘れてもエラーにならないため、気づかないままになってしまう可能性があります。そこで、本章で学習したコンストラクタを使って、インスタンスの生成と同時に値の設定も行うようにしましょう。そのために、次のようなコンストラクタを`VirtualDog`クラスに定義します。

```
VirtualDog(String name, int maxEnergy, int energy) {
    this.name = name;
    this.maxEnergy = maxEnergy;     } インスタンス変数を引数で
    this.energy = energy;             渡された値で初期化します
}
```

コンストラクタは、名前と最大体力、現在の体力の値を引数で受け取ります。インスタンスを生成するときは、次のように記述することになります。

```
VirtualDog taro = new VirtualDog("タロ", 100, 50);
```

必要な情報を、インスタンス生成時に指定する必要があるので、うっかり情報を設定し忘れる心配がなくなります。

作成されたプログラムコードと実行結果

これまでの説明で改良された`VirtualDog`クラスのプログラムコードは次のようになります。5-4節で作成したプログラムコードと比較してみましょう。

List❻-9　06-08/VirtualPetGame.java

```
 1: class VirtualDog {
 2:     String name;     // 名前
 3:     int maxEnergy;   // 最大体力
 4:     int energy;      // 現在の体力
 5:
 6:     VirtualDog(String name, int maxEnergy,➡
                int energy) {
 7:         this.name = name;
 8:         this.maxEnergy = maxEnergy;
 9:         this.energy = energy;
10:     }
11:
12:     void sleep() {
13:         System.out.println(this.name ➡
            + "：よく寝た。体力が回復したよ。");
14:         this.energy = this.maxEnergy; ➡
            // 現在の体力の値を最大体力の値にする
15:     }
16:
17:     void walk() {
18:         if (this.energy < 10) {
19:             System.out.println(this.name + ➡
                "：疲れちゃって、これ以上歩けないよ。");
20:         } else {
21:             System.out.println(this.name + "：➡
                歩いたよ。体力が10減った。最大体力が1増えた。");
22:             this.energy -= 10; // 体力が10減る
23:             this.maxEnergy++; // 最大体力が1増える
24:         }
25:     }
26:
27:     void printInfo() {
28:         System.out.println("[状態出力]");
29:         System.out.println("名前：" + this.name);
30:         System.out.println("最大体力：" + ➡
            this.maxEnergy);
31:         System.out.println("体力：" + this.energy);
32:     }
33: }
34:
35: public class VirtualPetGame {
36:     public static void main(String[] args) {
37:         VirtualDog taro = new VirtualDog("タロ", 100, 50);
38:         VirtualDog jiro = new VirtualDog("ジロ", 80, 40);
39:
40:         // バーチャルドッグのインスタンスに、歩いたり寝たりさせてみる
41:         taro.walk();
42:         jiro.sleep();
43:         taro.walk();
44:         taro.sleep();
45:         jiro.walk();
46:
```

コンストラクタです

sleepメソッドの宣言です

walkメソッドの宣言です

printInfoメソッドの宣言です

```
47:         // それぞれのインスタンスの情報を出力する
48:         taro.printInfo();
49:         jiro.printInfo();
50:     }
51: }
```

➡は紙面の都合で折り返していることを表します。

実行結果

```
タロ：歩いたよ。体力が10減った。最大体力が1増えた。 ←taro.walk();に対応します
ジロ：よく寝た。体力が回復したよ。 ←jiro.sleep();に対応します
タロ：歩いたよ。体力が10減った。最大体力が1増えた。 ←taro.walk();に対応します
タロ：よく寝た。体力が回復したよ。 ←taro.sleep();に対応します
ジロ：歩いたよ。体力が10減った。最大体力が1増えた。 ←jiro.walk();に対応します
[状態出力]
名前：タロ
最大体力：102
体力：102
（taro.printInfo();に対応します）
[状態出力]
名前：ジロ
最大体力：81
体力：70
（jiro.printInfo();に対応します）
```

VirtualDogクラスに、引数のあるコンストラクタが宣言されたことで、インスタンスの生成と情報の設定を1行で行えるようになりました。

また、新しく追加したインスタンスメソッドを使って、ペットに歩いたり寝たりさせることができるようになりました。さらに、**printInfo**メソッドを使うことで、インスタンスの状態を出力できますから、**VirtualPetGame**クラスのプログラムコードが簡潔になりました。

まとめ

- コンストラクタを定義することで、インスタンスの生成とインスタンス変数の設定を一度に行えるようになります。
- 本章で学んだことを活用することで、**VirtualDog**クラスに機能を追加できました。

練習問題

6.1 次の文章のうち、誤っているものには×を、正しいものには○をつけてください。誤っているものは、どこが誤っているかも指摘してください。

(1) プログラム実行時に最初に呼び出されるmainメソッドはインスタンスメソッドである。
(2) クラス変数を参照するときには、通常は「クラス名.変数名」と記述するが、同じクラスのメソッド内でほかの変数名と重複しない場合は「クラス名.」の記述を省略してもかまわない。
(3) コンストラクタはなくても問題ない。
(4) インスタンスメソッドの中ではクラス変数を参照できない。
(5) インスタンスメソッドの中で呼び出せるメソッドはインスタンスメソッドだけである。

6.2 (1) コンストラクタとはどのようなものであるか説明してください。
(2) インスタンスメソッドとクラスメソッドの違いを説明してください。

6.3 width（幅）とheight（高さ）の情報を持つRectangle（長方形）クラスを次のように宣言しました。以下の問いに答えてください。

```
class Rectangle {
    double width; // 幅
    double height; // 高さ
}
```

(1) 幅と高さを引数で指定できるコンストラクタを追加してください。
(2) 面積（幅×高さ）を戻り値とするインスタンスメソッドを追加してください。メソッド名はgetAreaとしてください。
(3) 引数で渡されたRectangleオブジェクトと比較して、自分の面積のほうが大きければtrueを、そうでなければfalseを戻り値とするisLargerという名前のインスタンスメソッドを追加してください。
(4) (1)～(3)で作成したコンストラクタとメソッドの動作確認をするためのプログラムコードを作成してください。

第7章　継承

継承とは
フィールドとメソッドの継承
継承関係とコンストラクタの動き
ポリモーフィズム
継承の実例
（バーチャルペットの種類を増やす）

この章のテーマ

この章では、オブジェクト指向言語でプログラムを作る上で重要な「継承」の概念を学習します。継承によって、既存のクラスに備わっている機能を新しいクラスに組み入れることができます。複数のクラスの間で共通する機能があるとき、共通の機能だけを持つクラスをあらかじめ宣言しておけば、それを継承するだけで同じ機能を何度も定義する必要がなくなります。

また、「ポリモーフィズム」と呼ばれる、やはりオブジェクト指向プログラミングにおいてとても大切な機能も学習します。

7-1 継承とは

学習のポイント

- 新しく宣言するクラスに、すでにあるクラスの機能を組み入れることができます。
- このことを「継承」といいます。継承はオブジェクト指向の重要な概念の1つです。

継承の概念

KEYWORD
- 拡張
- 継承

これから新しく作成しようとするクラスに、今までに作ったクラスと共通点が多い場合、共通する部分を再利用できれば効率的です。オブジェクト指向の言語では、既存のクラスの機能を再利用し、それを拡張(かくちょう)することで新しいクラスを作成できます。この仕組みのことを継承(けいしょう)といいます。既存のクラスに備わっている機能を別のクラスが継承できる（引き継ぐことができる）のです。継承はオブジェクト指向プログラミングにおいて、とても重要な概念の1つです。

図❼-1は継承の概念を図にしたものです。

図❼-1　継承のイメージ

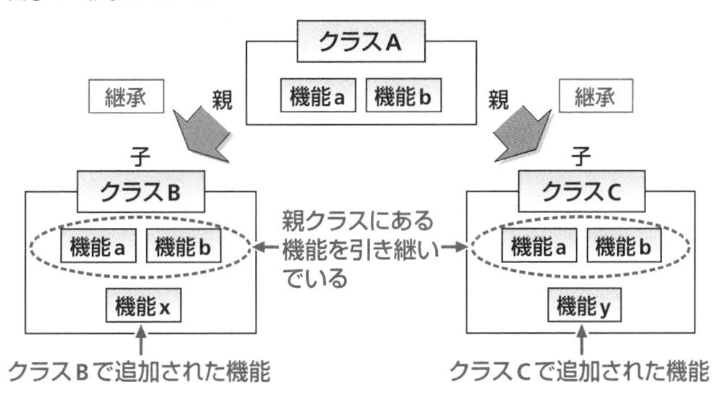

図❼-1にあるクラス**A**には、機能**a**と機能**b**が備わっています。ここで、機能**a**と機能**b**を持ちながら、新たに機能**x**を持つクラスが必要になったとします（事情によりクラス**A**は改変してはいけないものとします（注❼-1））。しかし、機能

注❼-1
あるクラスの機能を増やしたいのに、他人が作ったものでプログラムコードが公開されていないために改変できない、または別の理由で改変したくない、ということはよくあります。

aと機能bと機能xを持つクラスをゼロから作るのでは無駄な気がします。どうすればよいでしょうか？

このような場合に「継承」を使います。この場合、クラスAを継承したクラスBを作成します。そうすると、クラスBは機能aと機能bを引き継ぐことができ、差分の機能xをプログラミングするだけで済みます。

さて今度は、機能aと機能bを持ちながら、新たに機能yを持つクラスが必要になったとします。どうすればよいでしょう。クラスBに機能yを追加してしまえばよい、と思うかもしれません。しかし、機能xと機能yを同時に使うことは決してないとすれば、機能xと機能yを別々のクラスに実装したほうが、今後のメンテナンス（注❼-2）が楽になります。

この場合には、クラスAを継承した新しいクラスCを作り、差分の機能yだけを実装するのが正解です。先の図❼-1はそのような状況を表しています。

注❼-2
プログラムは一度作ったらもう二度と触らない、というわけではありません。足りない機能を増やしたり、間違っていたところを直したりと、そのプログラムを使い続ける間、何かとメンテナンス（手入れ）が必要なのです。

継承の親子関係

先ほどは継承関係にあるクラスAとクラスB、クラスAとクラスCを図❼-1で見てみました。今度は、この継承関係を言葉で表してみましょう。すると、次のような表現になります。

- クラスAはクラスBのスーパークラス（親（おや）クラス）である
- クラスBはクラスAのサブクラス（子（こ）クラス）である
- クラスBはクラスAを継承したクラスである
- クラスBはクラスAから派生（はせい）したクラスである

KEYWORD
●スーパークラス
●親クラス
●サブクラス
●子クラス
●派生

いろいろな表現方法があり混乱しそうですが、どれも同じことを意味しています。これから先の理解をしっかりとしたものにするために、色のついている用語を必ず覚えるようにしましょう。

クラスAから見ると、サブクラスはクラスBとクラスCの2つあります。クラスBとクラスCから見ると、スーパークラスはクラスA、ただ1つです。この関係は次のようにまとめられます。

- スーパークラスから見ると、サブクラスは複数あってもよい
- サブクラスから見ると、スーパークラスはただ1つである

クラスの数がたくさんある場合、その継承関係は図❼-2のような、下に行く

ほど数が増える階層構造になります。2つのクラスが線で結ばれているとき、上側がスーパークラス、下側がサブクラスです。

図❼-2 継承によるクラスの階層関係

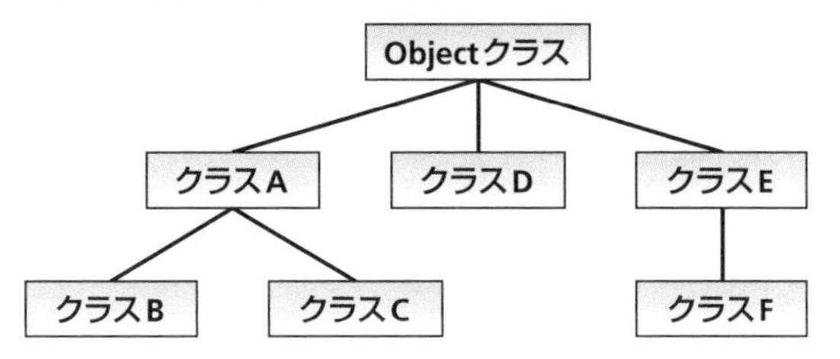

図❼-2の例では、クラスBとクラスCはクラスAのサブクラスで、クラスAはクラスBとクラスCのスーパークラスです。継承は何段階でも行うことができ、クラスBやクラスFにもサブクラスを作ることができます。

Java言語では、クラスがなす階層の最も上位にObject（オブジェクト）クラスがあります。つまり、すべてのクラスはこのObjectクラスを直接、または間接的に継承しています（注❼-3）。

KEYWORD
●Objectクラス

注❼-3
今までの学習で作成してきたクラスも、すべてこのObjectクラスを継承していました。

継承を行うためのextends

KEYWORD
●extends

あるクラスを継承したクラスを宣言するときには、extends（エクステンズ）キーワードを使います。次に示すのはその構文で、図❼-2のように「クラスBがクラスAを継承する」場合の書き方になっています。

構文❼-1 クラスの継承

```
class A {
    クラスAの内容
}

class B extends A {
    追加する新しいフィールドとメソッド
}
```

（今まで学習した方法でクラスAを宣言します）
（クラス名の後にextends Aと記述することで、クラスBはクラスAを継承します）

メモ

extendsとは英語で「拡張する」という意味です。Java言語での「継承」とは、既存のクラスを「拡張」して新しいクラスを作成することをいいます。

このように記述することにより、クラス**A**に備わっているフィールドとメソッドが、クラス**B**にも自動的に備わります。しかし、これだけではクラス**B**はクラス**A**と何も変わりません。クラス**B**にフィールドやメソッドを追加する方法などは、次節でプログラムコードの例とともに説明します。

ワン・モア・ステップ！

Objectクラスの継承

図❼-2に示したように、Java言語ではすべてのクラスが**Object**クラスを継承します。構文❼-1に従えば、次のように宣言するべきでしょうが、**extends Object**という記述は省略してもよいことになっています。

```
class A extends Object {
}
```

extendsの記述がないクラス宣言は、**extends Object**が省略されたものとみなされます。つまり、次のような宣言でも、クラス**A**は暗黙的に**Object**クラスを継承していることになります（注❼-4）。

```
class A {
}
```

注❼-4
現時点では、すべてのクラスが**Object**クラスを継承することの利点がわからないと思いますが、7-4節を学習すると、すべてのクラスを統一的に扱う上で必要なことだとわかると思います。

登場した主なキーワード

- **継承**：あるクラスが、ほかのクラスの属性や機能を引き継ぐこと。**extends**キーワードを使って宣言します。
- **スーパークラス**：継承関係で上位に位置するクラス（親クラスともいう）。
- **サブクラス**：継承関係で下位に位置するクラス（子クラスともいう）。
- **Objectクラス**：すべてのクラスの上位に位置する基本的なクラス。

まとめ

- あるクラスの情報や機能を別のクラスが引き継ぐことを「継承」といいます。
- クラス**Y**がクラス**X**を継承する場合、**Y**を**X**のサブクラスと呼び、**X**を**Y**のスーパークラスといいます。
- 継承関係をプログラムコードで記述するには**extends**キーワードを使用します。
- すべてのクラスは**Object**クラスから派生したものです。

7-2 フィールドとメソッドの継承

学習のポイント

- サブクラスはスーパークラスのフィールドとメソッドを引き継ぎます。
- サブクラスでスーパークラスと同じ名前の変数やメソッドを宣言することができます。このことを「オーバーライド」といいます。

フィールドとメソッドの継承

継承関係において、サブクラスはスーパークラスにプラスアルファの機能を追加したものだといえます。Java言語でサブクラスを宣言するときには、差分の「プラスアルファ」の部分だけをプログラムコードに記述するだけで済みます。ここからは、そうした継承の実例を見ていくことにします。List❼-1は、前章までにも使ってきた`StudentCard`クラスのプログラムコードです。

List❼-1　07-01/StudentCard.java

```
1: public class StudentCard {
2:     int id;  // 学籍番号
3:     String name;  // 氏名
4:
5:     void printInfo() {
6:         System.out.println("学籍番号：" + this.id);
7:         System.out.println("氏名：" + this.name);
8:     }
9: }
```

`StudentCard`クラスは、学籍番号と氏名という学生情報を格納するクラスでしたね。ここで、海外からの留学生のために、「国籍（`nationality`）」の情報も格納できる`InternationalStudentCard`（国際学生証）クラスを作ることになったとしましょう。このままだとクラス名が長いので、短くして`IStudentCard`としましょう。インスタンス変数`id`と`name`で学籍番号と氏名の情報を持つこと、インスタンスメソッドの`printInfo`を持つことに関しては`StudentCard`クラスと同じですから、`IStudentCard`クラスは`StudentCard`クラスを継承するものとします。`IStudentCard`クラスは、次のよう

KEYWORD

●extends

に`extends`キーワードを使って宣言します（List❼-2）。

List❼-2 07-01/IStudentCard.java

```
1: public class IStudentCard extends StudentCard {
2:     String nationality; // 国籍
3: }
```

StudentCardクラスを継承することを宣言しています

国籍の情報は`String`型の`nationality`という名前のインスタンス変数に持たせることとします。わずか3行の簡単なプログラムコードですが、これだけで学籍番号と氏名の情報と`printInfo`メソッド、さらに国籍情報を持つ`IStudentCard`クラスができました。

`StudentCard`クラスと`IStudentCard`クラスの関係を図で表すと、図❼-3のようになります。サブクラスである`IStudentCard`クラスは、スーパークラスである`StudentCard`クラスを拡張したものだといえます。

図❼-3 StudentCardクラスを継承するIStudentCardクラスの概要

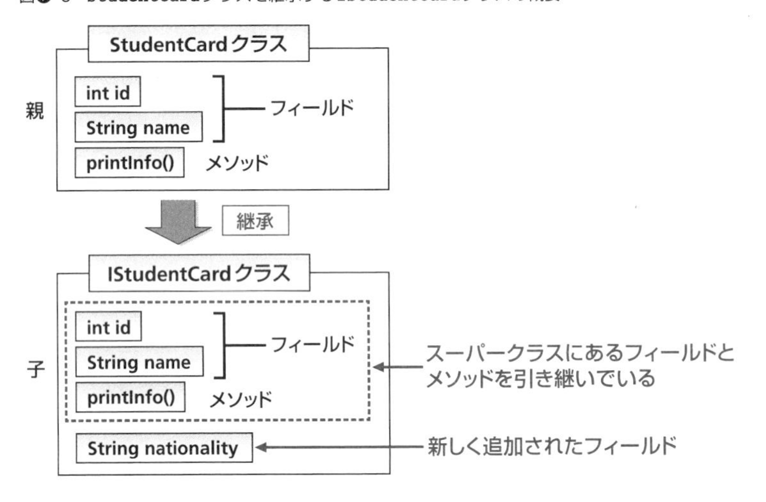

このように宣言した`IStudentCard`クラスは、次のようにして使用できます（List❼-3）。

List❼-3 07-01/InheritanceExample.java

```
1: public class InheritanceExample {
2:     public static void main(String[] args) {
3:         IStudentCard a = ➡
           new IStudentCard();
4:         a.id = 2345;
5:         a.name = "John Smith";
```

IStudentCardクラスのインスタンスを生成します

変数idとnameはStudentCardクラスで宣言されていますが、IStudentCardクラスのインスタンス変数として扱えます

```
6:          a.nationality = "イギリス";
7:          a.printInfo();
8:      }
9: }
```

変数nationalityはIStudentCardクラスで宣言されています

printInfoメソッドはStudentCardクラスで宣言されていますがIStudentCardクラスのメソッドとして扱えます

➡は紙面の都合で折り返していることを表します。

実行結果

```
学籍番号：2345
氏名：John Smith
```

StudentCardクラスで宣言されているインスタンス変数**id**と**name**、および**printInfo**メソッドを、**IStudentCard**クラスのインスタンスでも使用できることが確認できました。

メソッドのオーバーライド

ここまでに、サブクラスはスーパークラスのフィールドとメソッドを引き継ぐことと、そこに新しいフィールドや新しいメソッドを追加できる（拡張できる）ことを確認しました。

ところで、スーパークラスが持つメソッドと同じ名前のメソッドをサブクラスで宣言したら、どうなると思いますか？ そのときには、スーパークラスで宣言されたメソッドの内容が、サブクラスで宣言された内容によって上書きされます。このことをオーバーライドといいます（注❼-5）。

KEYWORD
●オーバーライド

注❼-5
オーバーロードと似た言葉ですが、意味する内容はまったく異なります。オーバーロードは4-4節で説明したように、同じクラスの中に引数の異なる同じ名前のメソッドを宣言することをいいます。

たとえば、**StudentCard**クラスには**printInfo**メソッドがありますが、**IStudentCard**クラスにも同じ名前の**printInfo**メソッドを宣言したとします。**IStudentCard**クラスのインスタンスに対して、**printInfo**メソッドを呼び出したときには、**IStudentCard**クラスで宣言した**printInfo**メソッドが優先されて実行されます。

実例を見てみましょう。次のように、**IStudentCard**クラスに**printInfo**メソッドを追加します（List❼-4）。

List❼-4　07-02/IStudentCard.java

```
1: public class IStudentCard extends StudentCard {
2:     String nationality; // 国籍
3: 
4:     void printInfo() {
5:         System.out.println("学籍番号：" + this.id);
6:         System.out.println("氏名：" + this.name);
```

StudentCardクラスにも含まれる、printInfoメソッドを宣言しています

```
7:         System.out.println("国籍：" + nationality);
8:     }
9: }
```

StudentCardクラスはList❼-5のとおりで、前項で使ったものと違いはありません。

List❼-5 07-02/StudentCard.java

```
1: public class StudentCard {
2:     int id;  // 学籍番号
3:     String name;  // 氏名
4:
5:     void printInfo() {
6:         System.out.println("学籍番号：" + this.id);
7:         System.out.println("氏名：" + this.name);
8:     }
9: }
```

次のプログラムコードでは、StudentCardクラスのインスタンスとIStudentCardクラスのインスタンスの両方に対して、printInfoメソッドを呼び出しています（List❼-6）。

List❼-6 07-02/OverrideExample.java

```
 1: public class OverrideExample {
 2:     public static void main(String[] args) {
 3:         StudentCard a = new StudentCard();
 4:         a.id = 1234;
 5:         a.name = "鈴木太郎";
 6:         a.printInfo();
 7:
 8:         IStudentCard b = new IStudentCard();
 9:         b.id = 2345;
10:         b.name = "John Smith";
11:         b.nationality = "イギリス";
12:         b.printInfo();
13:     }
14: }
```

StudentCardクラスのインスタンスを生成します

StudentCardクラスのインスタンスに対してprintInfoメソッドを呼び出しています

IStudentCardクラスのインスタンスを生成します

IStudentCardクラスのインスタンスに対してprintInfoメソッドを呼び出しています

実行結果

```
学籍番号：1234
氏名：鈴木太郎
学籍番号：2345
氏名：John Smith
国籍：イギリス
```

StudentCardクラスのprintInfoメソッドが実行されています

IStudentCardクラスのprintInfoメソッドが実行されています

実行結果を見ると、**IStudentCard**クラスのインスタンスに対して**printInfo**メソッドを呼び出したときには、**IStudentCard**クラスで宣言されたメソッドが実行されていることを確認できます。この関係を表すと図❼-4のようになります。

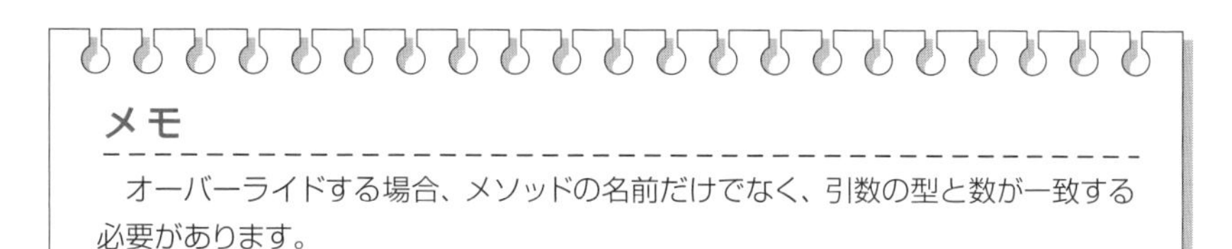

メモ
オーバーライドする場合、メソッドの名前だけでなく、引数の型と数が一致する必要があります。

図❼-4 StudentCardクラスを継承するIStudentCardクラスの概要

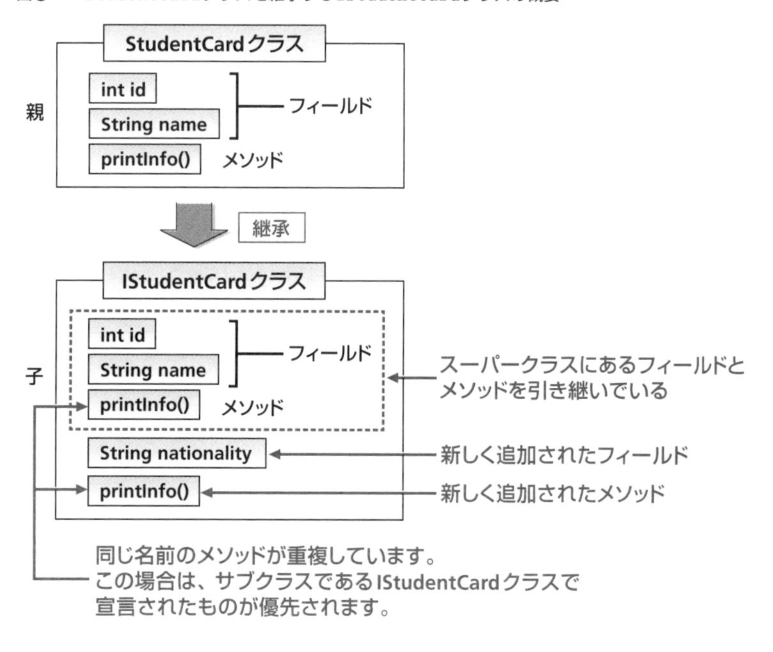

このように、サブクラスとスーパークラスに同じ名前のメソッドがあると、サブクラスのメソッドが優先されます。メソッドをオーバーライドしたためにスーパークラスのメソッドが実行されなくなることを、「スーパークラスのメソッドが隠蔽（いんぺい）される」と表現することもあります。

KEYWORD
●隠蔽

KEYWORD
● super

superでスーパークラスのメソッドを呼び出す

superキーワードを使うと、スーパークラスのメソッドをサブクラスから実行できます。superの後ろにドット（.）をつけて、次のように記述します。

構文❼-2 スーパークラスのメソッドを呼び出す

```
super.メソッド名(引数)
```

たとえば図❼-4に示した例では、IStudentCardクラスのメソッドの中で、

```
super.printInfo();
```

と記述すると、スーパークラス（StudentCardクラス）のprintInfoメソッドを呼び出すことができます。

List❼-7は、IStudentCardクラスのprintInfoメソッドから、superを使ってスーパークラスのprintInfoメソッドを呼び出すようにしたプログラムコードです。

List❼-7 07-03/IStudentCard.java

```
1: public class IStudentCard extends StudentCard {
2:     String nationality; // 国籍
3:
4:     void printInfo() {
5:         super.printInfo();
6:         System.out.println("国籍：" + nationality);
7:     }
8: }
```

StudentCardクラスに宣言されているprintInfoメソッドを実行します

正しくスーパークラスのprintInfoメソッドを呼べるかどうか、次のプログラムコードを実行して確認してみましょう（List❼-8）。

List❼-8 07-03/OverrideExample2.java

```
1: public class OverrideExample2 {
2:     public static void main(String[] args) {
3:         IStudentCard a = new IStudentCard();
4:         a.id = 2345;
5:         a.name = "John Smith";
6:         a.nationality = "イギリス";
7:         a.printInfo();
8:     }
9: }
```

IStudentCardクラスに宣言されているprintInfoメソッドを実行します

実行結果

```
学籍番号：2345
氏名：John Smith
国籍：イギリス
```

StudentCardクラスのprintInfoメソッドによる出力です
IStudentCardクラスのprintInfoメソッドによる出力です

7行目の**a.printInfo();**で**IStudentCard**クラスの**printInfo**メソッドが実行されます。このメソッドの中には**super.printInfo();**という命令文があるので、スーパークラスである**StudentCard**クラスの**printInfo**メソッドが実行されます。

登場した主なキーワード

- **オーバーライド**：スーパークラスと同じ名前で、同じ引数を持つメソッドをサブクラスで宣言すること。
- **super**：スーパークラスのメソッドを呼び出すときに使用するキーワード。

まとめ

- サブクラスは、スーパークラスのフィールドとメソッドを引き継ぎます。
- スーパークラスが持つメソッドと、名前と引数の種類が同じメソッドをサブクラスで宣言することを「オーバーライド」といいます。
- オーバーライドしたメソッドはサブクラスのものが優先され、スーパークラスのものは隠蔽されます。
- スーパークラスのメソッドにアクセスするには、**super**キーワードを使用します。

7-3 継承関係とコンストラクタの動き

学習のポイント

- コンストラクタは継承されません。
- 継承関係にあるクラスのインスタンスを生成するときには、自動的に呼び出されるコンストラクタの動作に注意が必要です。
- サブクラスのインスタンスを生成するときには、スーパークラスの引数のないコンストラクタも自動的に呼び出されます。

コンストラクタは継承されない

第6章の6-1節で学習したように、コンストラクタはインスタンスが生成されるときに自動的に実行され、インスタンスの初期化などに使われます。クラスが継承関係にある場合、このコンストラクタが実行される仕組みは少し複雑です。

まず、2つのコンストラクタを持つクラス**A**と、それを継承するクラス**B**を次のようなプログラムコードで宣言してみます。

```
class A {
    A() {
        System.out.println("A：引数のないコンストラクタが実行されました");
    }
    A(int x) {
        System.out.println("A：引数が1つのコンストラクタが実行されました");
    }
}

class B extends A {
}
```

クラス**B**はクラス**A**を継承しています。それでは、このクラス**B**のインスタンスを次のようにして生成できるでしょうか？

```
B b = new B(5);
```

クラス**A**には引数を1つとるコンストラクタがあるので、コンストラクタが継承されるのであれば、問題なくインスタンスを生成できそうです。しかし、実際にはコンパイルエラーになり、実行することはできません。つまり、メソッドと違って**コンストラクタは継承されないのです。**

デフォルトコンストラクタ

先ほどのクラス**A**、クラス**B**を使って、今度は次のようにしてクラス**B**のインスタンスを生成してみます。

```
B b = new B();
```

すると、結果として、

実行結果

```
A：引数のないコンストラクタが実行されました
```

とコンソールに出力されます。一見すると、引数のないコンストラクタが継承されているように見えますが、そうではありません。実は、クラス**B**にはコンストラクタが何も宣言されていないので、コンパイラによって自動的に次のような**デフォルトコンストラクタ**と呼ばれるコンストラクタが追加されたものとして処理されるのです（実際にプログラムコードが書き変わるわけではありません）。

KEYWORD
●デフォルトコンストラクタ

```
class B extends A {
    B() {
        super();
    }
}
```

コンパイラによって仮想的に追加されるデフォルトコンストラクタ

スーパークラスの引数のないコンストラクタを実行します

プログラムコードの中で、

```
B b = new B();
```

と記述して、クラス**B**のインスタンスを生成すると、このデフォルトコンストラクタが呼び出されます。この中の、

```
super();
```

という記述は、スーパークラス(つまりクラス**A**)の引数のないコンストラクタを実行します。そのため、「A:引数のないコンストラクタが実行されました」とコンソールに出力されたのです。

サブクラスのコンストラクタの動作

クラス**B**に1つでもコンストラクタが宣言されていると、デフォルトコンストラクタは追加されません(注❼-6)。つまり、次のように引数が1つのコンストラクタを追加した場合、**B b = new B();**という記述はコンパイルエラーになります。デフォルトコンストラクタ(引数のないコンストラクタ)が追加されないからです。

注❼-6
デフォルトコンストラクタは、コンストラクタが1つも宣言されていないときに、コンパイラによって自動的に追加されます。

```
class B extends A {
    B(int x) {
        System.out.println("B:引数が1つのコンストラクタが実行されました");
    }
}
```

それでは、次のように引数を1つ与えてクラス**B**のインスタンスを生成してみましょう。

```
B b = new B(5);
```

すると、次のように出力されます。

実行結果

```
A:引数のないコンストラクタが実行されました
B:引数が1つのコンストラクタが実行されました
```

いったいどういうことでしょう。奇妙に思えますが、これはクラス**B**のコンストラクタの先頭に、

```
super();
```

という記述がコンパイラによって自動的に追加された結果です（実際にプログラムコードが書き変わるわけではありません）。つまり、クラス**B**の宣言は次のように解釈されます。

```
class B extends A {
    B(int x) {
        super();  ←仮想的に追加されます
        System.out.println("B：引数が1つのコンストラクタが実行されました");
    }
}
```

サブクラスのインスタンスが生成されるとき、サブクラスのコンストラクタが実行されるのですが、それに先立って、スーパークラスの引数のないコンストラクタが実行されることになります。

コンパイラが仮想的にプログラムコードに追加を行うため、実際の動作がわかりにくいかもしれません。コンストラクタはフィールドの初期化に用いられることが多いですから、「まずスーパークラスのフィールドを初期化してから、サブクラスのフィールドを初期化するのだ」と考えれば、この動作に納得がいくでしょう。

スーパークラスのコンストラクタの呼び出し

super();という記述がコンストラクタの先頭に自動的に追加されることを説明しましたが、**super(5);**というように記述して、引数を1つとるスーパークラスのコンストラクタを明示的に呼び出すこともできます。実験のためにクラス**B**を次のように変更してみます（クラス**A**は変更しません）。

```
class B extends A {
    B(int x) {
        super(x);  ←スーパークラスのコンストラクタを呼び出します
        System.out.println("B：引数が1つのコンストラクタが実行されました");
    }
}
```

このように変更してから、

```
B b = new B(5);
```

を実行すると、次のようにコンソールに出力されます。

実行結果

```
A：引数が1つのコンストラクタが実行されました
B：引数が1つのコンストラクタが実行されました
```

意図したとおり、引数を1つとるスーパークラスのコンストラクタを呼び出すことができました（注❼-7）。この場合は、スーパークラスの引数のないコンストラクタは実行されません。

注❼-7
スーパークラスのコンストラクタの呼び出しができるのはコンストラクタの先頭だけです。どこでもできるわけではありません。

このように、継承とコンストラクタの関係は複雑で、すぐに理解するのは難しいと思います。実際にプログラムコードを自分で記述し、実行結果を確認しながら学習するようにしましょう。

登場した主なキーワード

- **デフォルトコンストラクタ**：コンストラクタが1つも宣言されていない場合に、実行時にコンパイラによって自動的に追加される引数のないコンストラクタ（実際のプログラムコードには追加されない）。

まとめ

- コンストラクタは継承されません。
- コンストラクタが1つも宣言されていない場合、コンパイラによって自動的にデフォルトコンストラクタが追加されたものとして扱われます。
- `super`キーワードを使って、スーパークラスのコンストラクタを呼び出すことができます。
- サブクラスのコンストラクタには、先頭に自動的に`super();`が追加されたものとしてコンパイルされます。

7-4 ポリモーフィズム

学習のポイント

- スーパークラスの型の変数に、サブクラスのインスタンスを代入できます。
- 同じ名前のメソッドを呼び出しても、インスタンスの種類（クラス）によって異なる処理が実行されます。

クラスの継承と参照

7-1節で説明したように、1つのクラスを親クラスとして、その子クラスを複数作ることができます。

ここでは、図❼-5に示すような継承関係を持つ4つのクラスを考えてみます。**Student**（学生）クラスと**Teacher**（教員）クラスが、**Person**（人）クラスを継承しています。また、これらとは無関係に、**Car**（自動車）クラスがあります（注❼-8）。

注❼-8
Personクラスも**Car**クラスも**Object**クラスを継承しますが、図❼-5では省略しています。

図❼-5　4つのクラスの継承関係

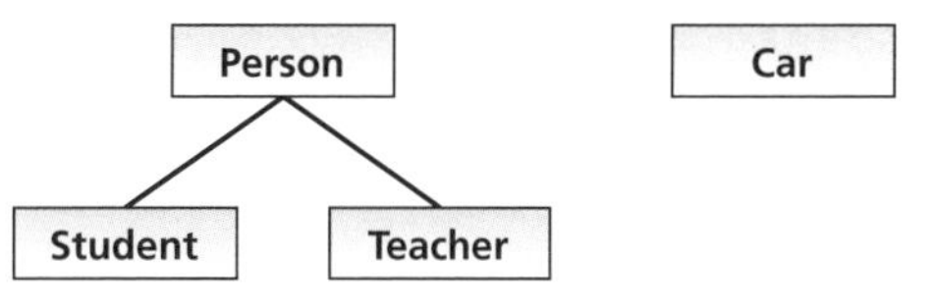

このような関係を持つ4つのクラスの宣言は次のようになります。

```
class Person {
    // Person(人)クラスの内容
}
                              Personクラスを継承します
class Student extends Person {
    // Student(学生)クラスの内容
}
                              Personクラスを継承します
class Teacher extends Person {
    // Teacher(教員)クラスの内容
```

```
}

class Car {
    // Car(車)クラスの内容
}
```

それぞれのクラスのインスタンスは、**new**キーワードで生成でき、次のようにして変数にインスタンスを代入できます（注❼-9）。

注❼-9
正確には、インスタンスへの参照が代入されます。

```
Person p = new Person();
Student s = new Student();
Teacher t = new Teacher();
Car c = new Car();
```

Personクラスのインスタンスは**Person**型の変数に、**Student**クラスのインスタンスは**Student**型の変数に、といった具合です。

ところが、次のように記述することもできます。

```
Person s = new Student();  ← Person型の変数にStudentクラスのインスタンスを代入しています
Person t = new Teacher();  ← Person型の変数にTeacherクラスのインスタンスを代入しています
```

変数の型（**Person**）と、代入するインスタンスの型（**Student**と**Teacher**）が一致しません。このようなことがどうして許されるのでしょうか？

Studentクラスと**Teacher**クラスは**Person**クラスから派生したものなので、**Student**クラスと**Teacher**クラスのインスタンスは**Person**の一種と考えることができます。実際、どちらも**Person**であるとみなして取り扱っても、**Student**クラスと**Teacher**クラスは、**Person**クラスが持っている機能をすべて持っている（継承している）ので問題ないのです。そのような理由から、**Student**クラスのインスタンスと**Teacher**クラスのインスタンスを**Person**型の変数に代入することができます。

Personクラスと**Car**クラスは独立したクラスですので、次の2つの命令文はどちらも誤りです。

```
Person c = new Car();  ← Person型の変数にCarクラスのインスタンスは代入できません
Car p = new Person();  ← Car型の変数にPersonクラスのインスタンスは代入できません
```

このようすを表したものが図❼-6です。

図❼-6 継承と変数に格納できる参照の関係

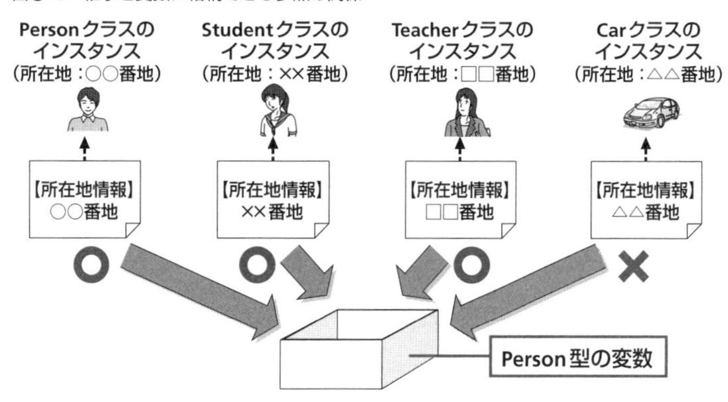

このように、スーパークラスを型とする変数にサブクラスのインスタンスを代入できることのメリットは何でしょうか？ それは、後で学習する「ポリモーフィズム」というキーワードにあります。まずここでは、スーパークラスで型を指定した変数に、サブクラスのインスタンスを代入できることを理解しましょう。

なお、スーパークラスとサブクラスの関係を逆にした次のような記述は誤りで、コンパイルエラーになります。

```
Student p = new Person();
```

Student型の変数にPersonクラスのインスタンスは代入できません

スーパークラスである**Person**クラスには、サブクラスである**Student**クラスの機能がすべて備わっているわけではありません。そのため、**Person**クラスのインスタンスを**Student**クラスのインスタンスのように扱うことはできません。

クラスの確認

スーパークラスを型とする変数には、サブクラスのインスタンスを代入できました。このことは、配列で複数のインスタンスを管理するときに役立ちます。たとえば、**Student**クラスのインスタンスと**Teacher**クラスのインスタンスがそれぞれ複数あるときに、それらを全部**Person**型の配列に代入してしまうことができるのです。

具体的には次のようにして、**Person**型の配列の要素に、**Student**クラスと**Teacher**クラスのインスタンスを代入することができます。

```
Person[] persons = new Person[3];   ← Person型の配列です
persons[0] = new Person();
persons[1] = new Student();
persons[2] = new Teacher();
```
Person型の配列にPerson、Student、Teacherクラスのインスタンスを代入できます

ただ、このように異なるクラスのインスタンスを**Person**型の配列に代入してしまうと、各要素に入っているインスタンスがどのクラスのものか、わからなくなってしまいます。それを確認するために、**instanceof**(インスタンスオブ)演算子を使用します。**instanceof**演算子は、

KEYWORD
●instanceof演算子

構文❼-3 instanceof演算子を使った式

```
変数名 instanceof クラス名
```

というように式として記述します。この式の値は、「変数名」が参照するインスタンスが「クラス名」のインスタンスであれば**true**、そうでなければ**false**になります。たとえば、

```
persons[1] instanceof Student
```

と記述すると、**persons[1]**が参照しているものが**Student**クラスのインスタンスである場合、この式の値は**true**になり、それ以外の場合には**false**になります。

この演算子を使ったプログラムコードの例を見てみましょう(List❼-9)。

List❼-9 07-04/InstanceofExample.java

```
 1: public class InstanceofExample {
 2:     public static void main(String[] args) {
 3:         Person[] persons = new Person[3];
 4:         persons[0] = new Person();
 5:         persons[1] = new Student();
 6:         persons[2] = new Teacher();
 7: 
 8:         for (int i = 0; i < persons.length; i++) {
 9:             if (persons[i] instanceof Person) {
10:                 System.out.println("persons[" + i + "]は➡
                    Personクラスのインスタンスです");
11:             }
12:             if (persons[i] instanceof Student) {
13:                 System.out.println("persons[" + i + "]は➡
                    Studentクラスのインスタンスです");
14:             }
15:             if (persons[i] instanceof Teacher) {
```

```
16:                     System.out.println("persons[" + i + "]は➡
                        Teacherクラスのインスタンスです");
17:                 }
18:             }
19:         }
20: }
```

➡は紙面の都合で折り返していることを表します。

実行結果

```
persons[0]はPersonクラスのインスタンスです
persons[1]はPersonクラスのインスタンスです
persons[1]はStudentクラスのインスタンスです
persons[2]はPersonクラスのインスタンスです
persons[2]はTeacherクラスのインスタンスです
```

persons[1] に代入されているのは **Student** クラスのインスタンスですが、**Person** クラスのインスタンスでもあると判定されています。これは、**Student** クラスが **Person** クラスから派生したもの（サブクラス）だからです。同様に、**persons[2]** に代入されているのは **Teacher** クラスのインスタンスですが、同時に **Person** クラスのインスタンスでもあると判定されています。

ポリモーフィズム

これまで見てきたように、スーパークラスを型とする変数には、サブクラスのインスタンスを代入できます。このことのメリットの1つに、ポリモーフィズムの仕組みがあると前に説明しました。この仕組みを理解するために、**Person** クラス、**Student** クラス、**Teacher** クラスのすべてに **work**（働く）という名前のメソッドを追加してみることにしましょう（List❼-10）。同じ名前のメソッドですが、それぞれ処理する内容は異なります。また、**Teacher** クラスだけに、**makeTest** メソッドを追加してみます。

List❼-10　workメソッドを追加した3つのクラス

```
 1: class Person {
 2:     void work(){
 3:         System.out.println("人です。仕事します。");
 4:     }
 5: }
 6: 
 7: class Student extends Person {   ← StudentクラスはPersonクラスを継承します
 8:     void work() {   ← workメソッドをオーバーライドします
 9:         System.out.println("学生です。勉強します。");
10:     }
```

```
11: }
12:
13: class Teacher extends Person {   ← Teacherクラスは Personクラスを継承します
14:     void work() {   ← workメソッドをオーバーライドします
15:         System.out.println("教員です。授業をします。");
16:     }
17:     void makeTest() {   ← Teacherクラス固有のメソッドです
18:         System.out.println("試験問題を作ります。");
19:     }
20: }
```

Studentクラスと**Teacher**クラスで宣言された**work**メソッドは、**Person**クラスで宣言された**work**メソッドをオーバーライドしています。このクラスの継承関係は図❼-7のとおりです。

図❼-7 継承のようす

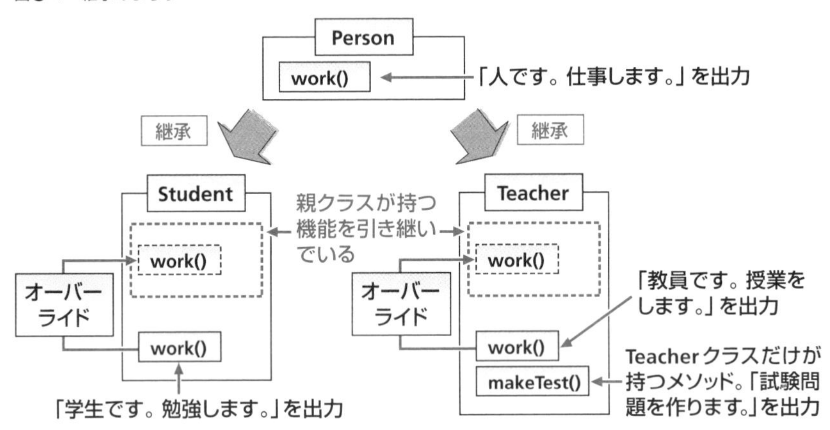

さて、ここで改めて次のようなプログラムコードを考えてみます。

```
Person t = new Teacher();
```

Teacherクラスのインスタンスを、**Person**型の変数**t**に代入しています。したがって、変数**t**が参照するインスタンスは、あたかも**Person**クラスのインスタンスのようにみなされます。**Teacher**クラスには**makeTest**メソッドがありますが、**Person**クラスにはありませんので、次の記述はコンパイルエラーになります。

```
Person t = new Teacher();
t.makeTest();
```

それでは、次の記述はどうでしょうか？

```
Person t = new Teacher();
t.work();
```

Personクラスには**work**メソッドがありますから、コンパイルは問題なくできます。実行すると、次のようにコンソールに出力されます。

実行結果

```
教員です。授業をします。
```

この結果から、**Person**クラスの**work**メソッドではなく、**Teacher**クラスの**work**メソッドが実行されたことがわかります。つまり、インスタンスに対して「**work**メソッドを実行しなさい」と命令すると、インスタンスが自分に備わっている**work**メソッドを実行するのです。

同様に、

```
Person s = new Student();
s.work();
```

を実行すると、次のようにコンソールに出力されます。

実行結果

```
学生です。勉強します。
```

KEYWORD

●ポリモーフィズム
●多態性

Person型の変数が参照するインスタンスに対して**work**メソッドを呼び出すと、そのインスタンスのクラスに応じて実行結果が変わってきます。このような性質がポリモーフィズムなのです。

ポリモーフィズムは多態性（たたいせい）（多様な動作をする）という意味の言葉で、プログラミングの世界では、同じ型の変数に代入されたインスタンスに対して同じ名前のメソッドを呼び出しているのに、実際に参照されているインスタンスの種類によって異なる動作をすることをいいます。

このような性質は、配列で複数のインスタンスを管理するときに便利です。具体例を次のプログラムコードで示します（List❼-11）。

List❼-11 07-05/PolymorphismExample.java

```
 1: public class PolymorphismExample {
 2:     public static void main(String[] args) {
 3:         Person[] persons = new Person[3];
 4:         persons[0] = new Person();
 5:         persons[1] = new Student();
 6:         persons[2] = new Teacher();
 7: 
 8:         for (int i = 0; i < persons.length; i++) {
 9:             persons[i].work();
10:         }
11:     }
12: }
```

Person型の配列にPerson、Student、Teacherクラスのインスタンスを代入します

配列の要素のworkメソッドを呼び出します

実行結果

```
人です。仕事します。
学生です。勉強します。
教員です。授業をします。
```

Personクラスのworkメソッドが実行されています
Studentクラスのworkメソッドが実行されています
Teacherクラスのworkメソッドが実行されています

このプログラムコードでは、**Person**、**Student**、**Teacher**各クラスのインスタンスを**Person**型の配列に入れています。そして**for**ループの中では、**Person**、**Student**、**Teacher**のどのインスタンスであるかに関係なく、同じように**work**メソッドを呼び出しています。実行結果を見ると、それぞれのインスタンスが持つ**work**メソッドが適切に実行されたことを確認できます。

本来であれば、インスタンスのクラスを判別し、そのクラスが持つ**work**メソッドを呼び出すプログラムを書く必要があるように思われますが、単に「**work**メソッドを実行しなさい」と指示するだけで、インスタンスのクラスで宣言されているそれぞれの**work**メソッドが正しく呼び出されるのです。

メソッドの引数とポリモーフィズム

ポリモーフィズムは理解が難しく、そのメリットが直感的にはわかりにくいのですが、オブジェクト指向のプログラミングではとても大切な仕組みです。先ほどは、スーパークラスの配列に格納したインスタンスについて、同じメソッドを呼び出す例を紹介しましたが、ポリモーフィズムの仕組みを活用できる例をもう1つ紹介しましょう。

次のメソッドは、渡されたインスタンスの**work**メソッドを3回呼び出します。

```
// 通常の3倍働いてもらう
void workThreeTimes(Person p) {
    p.work();
    p.work();
    p.work();
}
```

引数を**Person**型にしているので、この**workThreeTimes**メソッドには**Student**クラスと**Teacher**クラスのインスタンスも渡すことができます。今後、**Person**クラスのサブクラスに**Staff**（事務員）クラスや**Doctor**（医者）クラスが追加されたとしても、このメソッドは改変せずに使用できます。これは大きなメリットです。

このように、メソッドの引数にスーパークラスの型を使うことで、引数で渡されるインスタンスがどのサブクラスのものであるかを意識しないで、それぞれの**work**メソッドを呼び出すことができます。**work**メソッドが実際に何をするかは、インスタンス自身が判断して実行します。

型変換（キャスト）

Teacherクラスには**makeTest**というメソッドが宣言されていました。次のコードで、このメソッドを実行できます。

```
Teacher t = new Teacher();
t.makeTest();
```

しかし、次のように一度スーパークラスの変数に入れてしまうと、コンパイルエラーになって**makeTest**メソッドを実行できません。

```
Person t = new Teacher();
t.makeTest(); ← Personクラスにはmakeテストメソッドが
                ないので、コンパイルエラーになります
```

変数**t**のインスタンスは、あたかも**Person**クラスのインスタンスであるかのように扱われるためです。

しかし、実際に変数**t**が参照するインスタンスは**Teacher**クラスのインスタンスなので、次のように**型変換（キャスト）**を行うことで、**makeTest**メソッドを実行できます（注❼-10）。

注❼-10
型変換は変数名の前にカッコ()をつけて、その中に型名を入れます（第2章の2-4節参照）。

```
Person t = new Teacher();
((Teacher)t).makeTest();
```

次のように、**Teacher**クラスでないものを**Teacher**クラスに型変換しようとすると、実行時にエラーとなります。

```
Person s = new Student();
((Teacher)s).makeTest();
```

コンパイル時には問題点が発見されません。実行したときに誤りが発見されます

登場した主なキーワード

- **ポリモーフィズム**：スーパークラスの型に入ったインスタンスに対してメソッドを呼び出したときに、そのインスタンスで宣言されたメソッドが実行され、インスタンスの種類によって異なる動作をすること。

まとめ

- 2つのクラスが継承関係にあるとき、スーパークラスの型の変数に、サブクラスのインスタンスを代入できます。
- メソッドを呼び出すと、変数の型（クラス）によらず、変数が参照するインスタンスのメソッドが実行されます。これを「ポリモーフィズム」といいます。

7-5 継承の実例（バーチャルペットの種類を増やす）

学習のポイント
- クラスの継承とポリモーフィズムの活用例を学びます。
- この章で学習した内容を利用して、第6章の6-4節で作成したバーチャルペットクラスを改良してみます。

継承の活用

第5章の5-4節から、バーチャルペットの実例として、イヌ型のバーチャルペットを作成してきました。ここでは、種類を増やして、新しく鳥型のバーチャルペットを作ることを考えましょう。犬のように歩くことはできませんが、代わりに飛ぶことができます。このような場合、**fly**（飛ぶ）メソッドを持つ**VirtualBird**クラスを新しく作ることになりますが、**VirtualDog**クラスとの共通点も多いので、図❼-8のように、**VirtualPet**というクラスから、**VirtualDog**クラスと**VirtualBird**クラスが派生するようにしましょう。

図❼-8 3つのクラス間の関係

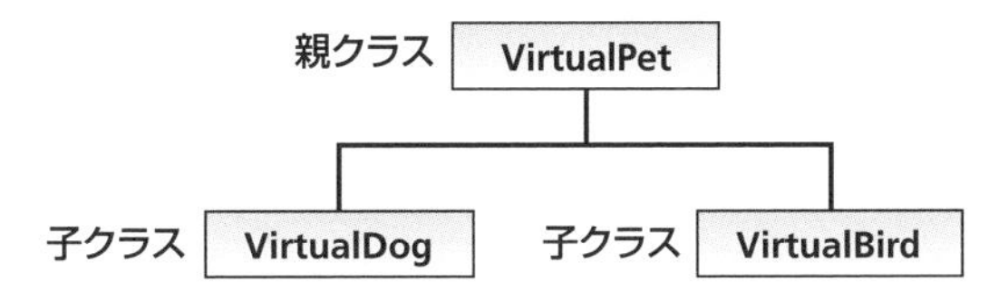

このようにすると、共通する情報と機能を**VirtualPet**クラスにまとめることができます。そして、**VirtualDog**クラスと**VirtualBird**クラスでは、それぞれに固有の機能を追加するだけで済むことになります。

具体的には、各クラスで宣言するインスタンス変数とインスタンスメソッド、コンストラクタを図❼-9のようにします。ほとんどの情報と機能を**VirtualPet**で宣言してしまっているので、**VirtualDog**クラスでは**walk**メソッドを、**VirtualBird**クラスでは**fly**メソッドを宣言するだけで済みます。コンストラクタは継承されないので、それぞれのクラスに宣言する必要があります。

図❼-9 各クラスが持つフィールドとメソッド

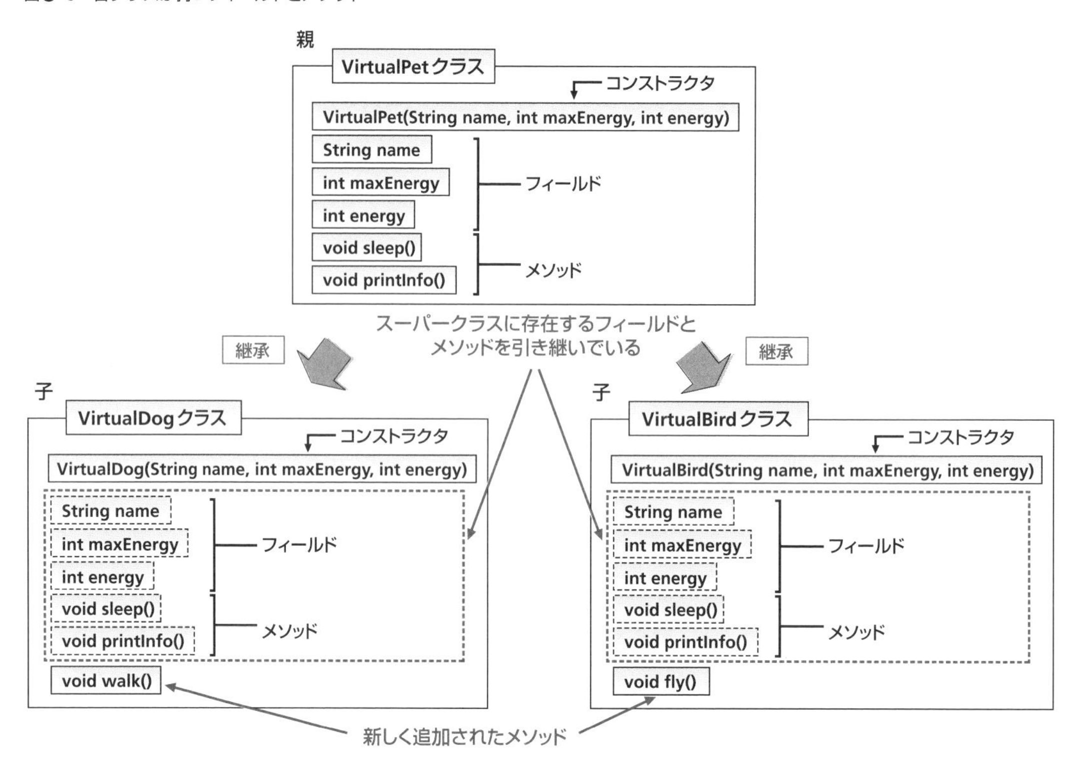

VirtualBirdクラスの**fly**メソッドの処理は次のようにしましょう。ただし、説明文中の<名前>は、インスタンス変数の**name**の値であるとします。

メソッド名：　**fly**（飛ぶ）

処理の内容：
- 体力が10未満の場合は「<名前>：疲れちゃって、これ以上飛べないよ。」というメッセージを出力する。
- 体力が10以上の場合は「<名前>：パタパタ。飛んだよ。体力が10減った。最大体力が1増えた。」というメッセージを出力し、体力を10減らして最大体力を1増やす。

これまでの説明を反映したプログラムコードはList❼-12のようになります。

VirtualDogクラスと**VirtualBird**クラスが**VirtualPet**クラスを継承しています。共通する情報と機能はすべて**VirtualPet**の中で宣言しているので、**VirtualDog**クラスと**VirtualBird**クラスは、それぞれのコンストラクタ、**walk**メソッドまたは**fly**メソッドの宣言をするだけで済んでいます。

List❼-12 07-06/VirtualPetGame.java

```
 1: class VirtualPet {
 2:     String name;      // 名前
 3:     int maxEnergy;   // 最大体力
 4:     int energy;       // 現在の体力
 5:
 6:     VirtualPet(String name, int maxEnergy, int energy) {
 7:         this.name = name;
 8:         this.maxEnergy = maxEnergy;
 9:         this.energy = energy;
10:     }
11:
12:     void sleep() {
13:         System.out.println(this.name + ➡
            "：よく寝た。体力が回復したよ。");
14:         this.energy = this.maxEnergy; ➡
            // 現在の体力の値を最大体力の値にする
15:     }
16:
17:     void printInfo() {
18:         System.out.println("[状態出力]");
19:         System.out.println("名前：" + this.name);
20:         System.out.println("最大体力：" + this.maxEnergy);
21:         System.out.println("体力：" + this.energy);
22:     }
23: }
24:
25: class VirtualDog extends VirtualPet {  ← VirtualPetクラスを継承します
26:     VirtualDog(String name, int maxEnergy, int energy) {
27:         super(name, maxEnergy, energy);
28:     }
29:
30:     void walk() {  ← VirtualDogクラスだけが持つメソッドです
31:         if (this.energy < 10) {
32:             System.out.println(this.name + ➡
                "：疲れちゃって、これ以上歩けないよ。");
33:         } else {
34:             System.out.println(this.name + ➡
                "：歩いたよ。体力が10減った。最大体力が1増えた。");
35:             this.energy -= 10;   // 体力が10減る
36:             this.maxEnergy++;   // 最大体力が1増える
37:         }
38:     }
39: }
40:
41: class VirtualBird extends VirtualPet {  ← VirtualPetクラスを継承します
42:     VirtualBird(String name, int maxEnergy, int energy) {
43:         super(name, maxEnergy, energy);
44:     }
45:
46:     void fly() {  ← VirtualBirdクラスだけが持つメソッドです
```

```
47:         if (this.energy < 10) {
48:             System.out.println(this.name + ➡
              ":疲れちゃって、これ以上飛べないよ。");
49:         } else {
50:             System.out.println(this.name + ➡
             ":パタパタ。飛んだよ。体力が10減った。最大体力が1増えた。");
51:             this.energy -= 10; // 体力が10減る
52:             this.maxEnergy++; // 最大体力が1増える
53:         }
54:     }
55: }
56:
57: public class VirtualPetGame {
58:     public static void main(String[] args) {
59:         VirtualDog taro = new VirtualDog("タロ", 100, 50);
60:         VirtualBird piyo = new VirtualBird("ピヨ", 60, 30);
61:
62:         taro.walk();
63:         piyo.sleep();
64:         taro.walk();
65:         taro.sleep();
66:         piyo.fly();
67:
68:         taro.printInfo();
69:         piyo.printInfo();
70:     }
71: }
```

➡は紙面の都合で折り返していることを表します。

実行結果

```
タロ:歩いたよ。体力が10減った。最大体力が1増えた。
ピヨ:よく寝た。体力が回復したよ。
タロ:歩いたよ。体力が10減った。最大体力が1増えた。
タロ:よく寝た。体力が回復したよ。
ピヨ:パタパタ。飛んだよ。体力が10減った。最大体力が1増えた。
[状態出力]
名前:タロ
最大体力:102
体力:102
[状態出力]
名前:ピヨ
最大体力:61
体力:50
```

オーバーライドとポリモーフィズム

これまでの説明では、`VirtualDog`クラスに`walk`メソッドを、`VirtualBird`クラスに`fly`メソッドを宣言しました。それぞれ、「歩く」、「飛ぶ」、という異なる機能を実現するメソッドですが、「移動する」という点では共通します。このような場合、**VirtualPet**クラスに**move**（移動する）という名前のメソッドを宣言し、サブクラスで、このメソッドをオーバーライドすることも考えられます。オーバーライドによって、同じ名前のメソッドでありながら、クラスによって異なる処理を行うようにできます。

```
class VirtualPet {
    (中略)
    void move() {   } // 何も命令文がありません
    (中略)
}

class VirtualDog extends VirtualPet {
    (中略)
    void move() { // VirtualPetクラスのmoveメソッドをオーバーライドします
        // イヌが歩く処理を記述します
    }
    (中略)
}

class VirtualBird extends VirtualPet {
    (中略)
    void move() { // VirtualPetクラスのmoveメソッドをオーバーライドします
        // 鳥が飛ぶ処理を記述します
    }
    (中略)
}
```

このようにすることで、**VirtualDog**クラスと、**VirtualBird**クラスのインスタンスの両方に対して、**move**という同じ名前のメソッドを呼び出せるようになります。同じ名前のメソッドですが、処理の内容はそれぞれで異なるようにできます。

さらには、ポリモーフィズムの仕組みも使えるようになります。たとえば、次のようなプログラムコードを見てみましょう。

```
public class VirtualPetGame {

    // 引数で渡されたバーチャルペットに対して移動と睡眠を行わせる
    public static void moveAndSleep(VirtualPet pet) {
        pet.move();
        pet.sleep();
    }
    (中略)

}
```

VirtualPetGameクラスに、**moveAndSleep**というクラスメソッドを追加しました。このメソッドは、引数に**VirtualPet**クラスのインスタンスの参照を受け取ります。受け取ったインスタンスに対して、**move**と**sleep**メソッドを呼び出します。

ところで、**move**メソッドは**VirtualPet**、**VirtualDog**、**VirtualBird**、すべてのクラスで宣言されています。では、ここに記述されている、

```
pet.move();
```

という命令が実行されるときには、どのメソッドが実行されるでしょうか？

スーパークラスの型の変数で、そのサブクラスのインスタンスも受け取ることができるので、どのメソッドが実行されるかは、引数で渡されたインスタンスによって異なります。引数は**VirtualPet**型で受け取りますが、その値が**VirtualDog**クラスのインスタンスを参照している場合は、**VirtualDog**クラスの**move**メソッドが実行されます。**VirtualBird**クラスのインスタンスである場合には、**VirtualBird**クラスの**move**メソッドが実行されます。

このように、インスタンスの種類に応じて実行されるメソッドが自動的に判断されるのがポリモーフィズムです。たとえば、今後さらにネコ型や魚型のバーチャルペットを追加する場合でも、それらが**VirtualPet**クラスを継承して、**move**メソッドを持つのであれば、このプログラムコードは変更せずに、それぞれのインスタンスの**move**メソッドが実行されることになります。

sleepメソッドについては、**VirtualDog**クラスも**VirtualBird**クラスも独自の機能にはなっていない（**VirtualPet**クラスのものをオーバーライドしていない）ので、**VirtualPet**の持つ**sleep**メソッドが実行されることになります。

これまでの説明の内容を1つにまとめた、実際のプログラムコードはList❼-13のようになります。

List❼-13　07-07/VirtualPetGame.java

```
1: class VirtualPet {
2:     String name;     // 名前
3:     int maxEnergy;   // 最大体力
4:     int energy;      // 現在の体力
5:
6:     VirtualPet(String name, int maxEnergy, int energy) {
7:         this.name = name;
8:         this.maxEnergy = maxEnergy;
9:         this.energy = energy;
```

```
10:     }
11:
12:     void sleep() {
13:         System.out.println(this.name + ➡
            "：よく寝た。体力が回復したよ。");
14:         this.energy = this.maxEnergy; ➡
            // 現在の体力の値を最大体力の値にする
15:     }
16:
17:     void printInfo() {
18:         System.out.println("[状態出力]");
19:         System.out.println("名前：" + this.name);
20:         System.out.println("最大体力：" + this.maxEnergy);
21:         System.out.println("体力：" + this.energy);
22:     }
23:
24:     void move() { } ←── moveメソッドはそれぞれのサブクラスが
                            オーバーライドするので、VirtualPet
                            クラスでは何もしないものとします
25:
26: }
27:
28: class VirtualDog extends VirtualPet {
29:     VirtualDog(String name, int maxEnergy, int energy) {
30:         super(name, maxEnergy, energy);
31:     }
32:
33:     void move() { ←── VirtualPetクラスのmoveメソッド
                          をオーバーライドします
34:         if (this.energy < 10) {
35:             System.out.println(this.name + ➡
                "：疲れちゃって、これ以上歩けないよ。");
36:         } else {
37:             System.out.println(this.name + ➡
                "：歩いたよ。体力が10減った。最大体力が1増えた。");
38:             this.energy -= 10; // 体力が10減る
39:             this.maxEnergy++; // 最大体力が1増える
40:         }
41:     }
42: }
43:
44: class VirtualBird extends VirtualPet {
45:     VirtualBird(String name, int maxEnergy, int energy) {
46:         super(name, maxEnergy, energy);
47:     }
48:
49:     void move() { ←── VirtualPetクラスのmoveメソッド
                          をオーバーライドします
50:         if (this.energy < 10) {
51:             System.out.println(this.name + ➡
                "：疲れちゃって、これ以上飛べないよ。");
52:         } else {
53:             System.out.println(this.name + ➡
                "：パタパタ。飛んだよ。体力が10減った。最大体力が1増えた。");
54:             this.energy -= 10; // 体力が10減る
55:             this.maxEnergy++; // 最大体力が1増える
56:         }
57:     }
```

```
58:
59: }
60:
61: public class VirtualPetGame {
62:
63:     // 引数で渡されたバーチャルペットに対して移動と睡眠を行わせる
64:     public static void moveAndSleep(VirtualPet pet) {
65:         pet.move();   } 引数で受け取ったインスタンスが持つ、適切な
66:         pet.sleep();  } moveメソッドとsleepメソッドが実行されます
67:     }
68:
69:     public static void main(String[] args) {
70:         VirtualDog taro = new VirtualDog("タロ", 100, 50);
71:         VirtualBird piyo = new VirtualBird("ピヨ", 60, 30);
72:                                   VirtualPet型を引数とするメソッドに、
73:         moveAndSleep(taro); ←—— VirtualDogクラスのインスタンスを渡します
74:         moveAndSleep(piyo); ←—— VirtualPet型を引数とするメソッドに、
75:     }                           VirtualBirdクラスのインスタンスを渡します
76: }
```

➡は紙面の都合で折り返していることを表します。

実行結果

```
タロ：歩いたよ。体力が10減った。最大体力が1増えた。
タロ：よく寝た。体力が回復したよ。
ピヨ：パタパタ。飛んだよ。体力が10減った。最大体力が1増えた。
ピヨ：よく寝た。体力が回復したよ。
```

まとめ

- 継承の仕組みを用いることで、共通点の多い複数のクラスを簡単に増やすことができます。
- オーバーライドやポリモーフィズムの仕組みによって、後からバーチャルペットの種類が増えても柔軟に対応できるようになります。

練習問題

7.1　次の文章のうち、誤っているものには×を、正しいものには○をつけてください。

(1)　クラスAがクラスBを継承するとき、クラスAをクラスBのサブクラスと呼ぶ。
(2)　あるクラスを継承するサブクラスが複数存在することもある。
(3)　あるクラスのスーパークラスが複数存在することもある。

(4) サブクラスは、スーパークラスで宣言されているフィールドやメソッドを引き継ぐ。

(5) インスタンスが生成されるとき、サブクラスのコンストラクタが実行されてからスーパークラスのコンストラクタが実行される。

7.2 クラスの継承を理解するために、List❼-14のようなプログラムコードを作成しました。実行すると、どのような出力が得られるでしょうか。

List❼-14 07-P02/Practice7_2.java

```
class X {
    X() {
        System.out.println("[X]");
    }
    void a() {
        System.out.println("[x.a]");
    }
    void b() {
        System.out.println("[x.b]");
    }
}

class Y extends X {
    Y() {
        System.out.println("[Y]");
    }
    void a() {
        System.out.println("[y.a]");
    }
}

public class Practice7_2 {
    public static void main(String[] args) {
        X x = new X();
        x.a();
        x.b();
        Y y = new Y();
        y.a();
        y.b();
    }
}
```

7.3 次のようにクラスA、B、Cが宣言されています。

```
class A { }
class B extends A { }
class C { }
```

これらのクラスを使う次の代入文のうち、誤りがあるのはどれでしょうか。

(1) `A a = new A();`

(2) `A a = new B();`

(3) `A a = new C();`

(4) `B b = new A();`

(5) `B b = new B();`

(6) `B b = new C();`

第8章 抽象クラスとインタフェース

修飾子とアクセス制御
抽象クラス
インタフェース
抽象クラスとインタフェース
（バーチャルペットクラスを抽象クラスにする）

この章のテーマ

この章では、インスタンスを生成できないクラスである「抽象クラス」について学びます。また、クラスに対して「このメソッドを持っていなければならない」といったルールを与える「インタフェース」というものを学びます。これらを使うことで、前章で学習したポリモーフィズムの仕組みを複数のクラスの間で活用できます。

8-1　修飾子とアクセス制御

- 修飾子とは
- アクセス修飾子
- final修飾子
- static修飾子
- そのほかの修飾子

8-2　抽象クラス

- インスタンスを作れないクラス
- 抽象クラスの使い方
- 実体のない抽象メソッド

8-3　インタフェース

- 継承の限界
- 多重継承をしたくなる場合とは
- インタフェースの使い方
- インタフェースの使用例
- 複数のインタフェースの実装
- 定数の宣言

8-4　抽象クラスとインタフェース（バーチャルペットクラスを抽象クラスにする）

- 抽象化で実装の意図を伝える
- インタフェースの活用

8-1 修飾子とアクセス制御

学習のポイント

- クラスや変数、メソッドの宣言に「修飾子」を用いることで、アクセスを制御したり属性を定めたりできます。

修飾子とは

KEYWORD
- 修飾子

Java言語には、ほかのクラスから特定のクラスのフィールド、メソッドへアクセスできないようにしたり、それらの属性を定めたりするキーワードがあります。クラスやフィールド、メソッドの宣言で用いるこうしたキーワードのことを、修飾子（しゅうしょくし）といいます。クラス変数やクラスメソッドの宣言で使った**static**も修飾子の1つです。

以降では、Java言語の主な修飾子を順に紹介します。

アクセス修飾子

KEYWORD
- アクセス修飾子
- **public**
- **protected**
- **private**
- パッケージ

注❽-1
クラスにつけられる修飾子は**public**のみです。また、複数のクラスの宣言を1つのファイルの中に記述する場合、**public**修飾子をつけられるクラスは1つだけです。

クラスやフィールド、メソッドへのアクセスを制御するための修飾子をアクセス修飾子（しゅうしょくし）といいます。アクセス修飾子には、**public**（パブリック）、**protected**（プロテクテッド）、**private**（プライベート）の3種類があります。これらをクラス、フィールド、またはメソッドの宣言の前につけることで、表❽-1のようなアクセス制御を行えます（注❽-1）。

表❽-1 アクセス修飾子とアクセス制御

アクセス修飾子	意味・機能
public	ほかのどのクラスからもアクセスできる。
protected	サブクラスまたは同じパッケージ内のクラスからしかアクセスできない。
なし	同一パッケージのクラスからしかアクセスできない。
private	同じクラス内からしかアクセスできない。

表❽-1の説明で使われているパッケージとは、クラスをまとめて管理する単

位のことです。詳しくは実践編で学習します。本書で扱うプログラムは、すべて単一のパッケージで構成されています。

メモ

スーパークラスの**public**なメソッドをサブクラスがオーバーライドする場合、サブクラスでも必ず**public**にする必要があります。

まずは、アクセス修飾子を使った次のプログラムコードを見てください (List❽-1)。

List❽-1 アクセス修飾子を使った例

```
 1: class Car {
 2:     private int speed; // 速度(Km/h)
 3:
 4:     // speedの値を1増やす。ただし最大でも80までとする。
 5:     public void speedUp() {
 6:         if (speed < 80) {
 7:             speed++;
 8:         }
 9:     }
10:
11:     // speedの値を1減らす。ただし0未満にはならない。
12:     public void speedDown() {
13:         if (speed > 0) {
14:             speed--;
15:         }
16:     }
17: }
```

(2行目) privateがついているので外部からはアクセスできません
(7行目) 同じクラスのメソッド内部からは変数speedにアクセスできます
(14行目) 同じクラスのメソッド内部からは変数speedにアクセスできます

この**Car**（自動車）クラスのフィールドには、速度を表すインスタンス変数**speed**があります。この変数には**private**修飾子がつけられているので、**Car**クラスの外からは変数**speed**を直接参照できません。参照できるのは、**Car**クラスで宣言されたインスタンスメソッドである**speedUp**メソッドと**speedDown**メソッドだけです。

たとえば、次のようにインスタンス変数**speed**に直接、値を代入しようとするプログラムコードは、コンパイルエラーになります。

```
Car car = new Car();
car.speed = 30;
```

もし、**speed**の宣言で**private**修飾子をつけなかったらどうでしょう。外部から直接**speed**の値を変更できるため、

```
car.speed = 10000;
```

のような、時速1万キロなどという自動車としてありえない値を設定されてしまう恐れがあります。**private**修飾子をつけておけば、**Car**クラスの**speedUp**メソッドと**speedDown**メソッドを通さないと**speed**の値を変更できないようになり、その値が**0**～**80**の範囲に収まることが保証されます。

このように、**private**修飾子を使って外部から直接アクセスできないようにすることを隠蔽（いんぺい）するといいます。特に、プログラムを2人以上で開発する場合には、直接変更させないほうがよいものはアクセスさせないようにする（隠蔽する）ことが、意図しないトラブルを避けるためにもたいへん重要です。

KEYWORD
●隠蔽する
●カプセル化

また、フィールドやメソッドを適切に隠蔽することにより、クラス内部でどのような処理が行われているかを、クラスの利用者が意識する必要がなくなります。クラスの中だけで使用するメソッドにも、外部から呼び出せないように**private**修飾子をつけておくことが大切です。このようにすることをカプセル化（か）といいます。公開されているメソッドの呼び出し方と戻り値さえわかれば、内部を知らなくてもクラスが持っている機能を簡単に利用できる便利さは、プログラミングをする上でたいへん大きなメリットです（注❽-2）。

注❽-2
カプセル化により実現される便利さは、家電製品を使うのに、その内部の作りを知らなくても操作方法さえわかればよいことと似ています。

メモ

これまでに学習してきた「継承」「ポリモーフィズム」「カプセル化」が、オブジェクト指向で最も重要な3つの要素です。

final修飾子

finalは「これで最後」という意味を持つ英単語です。後から変更してはいけないものには**final**（ファイナル）修飾子（しゅうしょくし）をつけます。**final**修飾子は、クラス、メソッド、フィールドにつけることができ、それぞれ次のような意味を持ちます。

KEYWORD
●final修飾子

- クラス ………… サブクラスを作れないクラスになります。

- メソッド …… サブクラスでオーバーライドできなくなります。
- フィールド … 値を変更できなくなります。

フィールドの場合、値を後で変更できないわけですから、宣言のときに値を指定しておく必要があります。たとえば、

```
public final static double PI = 3.141592653589793; // 円周率
public final static int ADULT_AGE = 20; // 成人年齢
```

のように宣言すると、変数PIと変数ADULT_AGEの値はこれ以降、変更することはできません。このように変更できないようにしたフィールドのことを定数(ていすう)といいます。定数の名前は慣習として大文字のアルファベットで書きます。

KEYWORD
●定数

プログラムでよく使われる値は、定数としておくと便利です。publicやstaticはつけなくてもかまいませんが、定数はプログラムのあちこちから利用されることが多いので、通常はほかのクラスやインスタンスからも参照できるクラス変数にします。

こうして宣言した定数に対し、どこかで、

```
PI = 3.1;
ADULT_AGE = 18;
```

などと値を変更しようとすると、コンパイルエラーになります。

第3章の64ページでは、次のようなプログラムコードを紹介しました。

```
if (age == 20) {
    System.out.println("ご成人おめでとうございます");
}
```

このようなプログラムコードを記述するときには、定数を使って次のように書くことができます。

```
if (age == ADULT_AGE) {
    System.out.println("ご成人おめでとうございます");
}
```

定数を使って書いておくと、後でプログラムコードを見たときに「ageが成人年齢の値と等しいときの処理だな」と、プログラムの意図をくみ取ることがで

きます。このプログラムを成人年齢が20歳ではない外国で実行するときにも、定数の宣言を1か所変更するだけで済みます（注❽-3)。

注❽-3
定数を使っていない場合、プログラムコードの中から20という記述を全部探し出して、変更すべきかどうか1つ1つ確認しなければなりません。

KEYWORD
● static修飾子

static修飾子

static（スタティック）修飾子（しゅうしょくし）は6-3節で使いました。フィールドの宣言につけるとクラス変数に、メソッドの宣言につけるとクラスメソッドになります。

KEYWORD
● abstract修飾子
● synchronized修飾子

そのほかの修飾子

ここで紹介した以外にも、次節以降あるいは実践編で取り上げる修飾子として表❽-2のものがあります。

表❽-2 そのほかの修飾子

修飾子	意味・機能
abstract（アブストラクト）	クラスやインタフェース、メソッドにつけることで抽象化します。詳しくは次節以降で説明します。
synchronized（シンクロナイズド）	メソッドにつける修飾子で、マルチスレッドの処理時に、排他処理を行います。詳しくは実践編で説明します。

さらに、これらのほかにもJava言語には表❽-3に挙げている修飾子があります。どれも使う機会が少ないので、本書では取り上げません。このようなものがあるのだと思っていただければ結構です。

表❽-3 本書では取り上げない修飾子

修飾子	意味・機能
transient（トランジエント）	変数につける修飾子で、シリアライゼーションの対象外とします。
native（ネイティブ）	ネイティブ修飾子。メソッドにつける修飾子で、C言語などほかの言語を用いて実装された処理をJava言語から実行するときに使用します。
volatile（ボラタイル）	揮発性修飾子。マルチスレッド処理で複数のスレッドから参照される可能性のある変数につけることで、値の共有が正しく行われるようにします。
strictfp（ストリクトエフピー）	厳密浮動小数修飾子。クラスとメソッドにつける修飾子で、floatやdoubleの浮動小数点演算がプラットフォームに依存しない、厳密な動作をするようになります。通常の浮動小数点演算はプラットフォームに依存するため、演算は高速に処理されますがプラットフォームによって少しだけ結果が異なることがあります。

登場した主なキーワード

- **修飾子**：クラスや変数、メソッドを宣言する際に、その外部からのアクセスの許可を制御したり属性を定めるために使用するキーワード。
- **アクセス修飾子**：アクセスを制御するための修飾子。
- **`final`修飾子**：後から変更できないようにするための修飾子。

まとめ

- アクセスを制御する修飾子には、`public`、`protected`、`private`があり、順にアクセスできる範囲が狭くなります。
- `static`修飾子はクラス変数とクラスメソッドを宣言するために使用します。
- `final`修飾子は変更できない変数、サブクラスを作成できないクラス、オーバーライドできないメソッドの宣言に使用します。

8-2 抽象クラス

学習のポイント

- クラスの宣言にabstract修飾子をつけると、インスタンスを作れない「抽象クラス」になります。

インスタンスを作れないクラス

これまで、新しいインスタンスを生成するときには、

```
Person p = new Person();
```

のように記述しました。

KEYWORD
- abstract修飾子

しかし、クラスの宣言に**abstract**修飾子（アブストラクト しゅうしょくし）をつけると、インスタンスを作れないクラスになります。

たとえば、次のように**MyObject**クラスを宣言したとします。

```
abstract class MyObject {
}
```

すると、次のように記述して、**MyObject**クラスのインスタンスを生成しようとしたときに、コンパイルエラーとなります。

```
MyObject m = new MyObject();
```

KEYWORD
- 抽象クラス

この**MyObject**クラスのように、**abstract**修飾子があることで、インスタンスを生成できないクラスのことを**抽象クラス**（ちゅうしょう）といいます（abstractは「抽象的な」という意味です）。クラスを“具体”化したインスタンスを作れないので“抽象”クラスと呼ぶのだと理解しましょう。

さて、インスタンスを作れないクラスが何の役に立つのでしょうか？ このクラス1つでは何の意味もありませんが、継承関係を持つ複数のクラスがある場

合には、前章で学習したポリモーフィズムの仕組みを活用するために抽象クラスを作る意味があります。

抽象クラスの使い方

例として、折れ線、四角形、円を描画できるドロー（作画）ソフトを作ることを考えてみます（図❽-1）。

図❽-1　折れ線、四角形、円を描画できるドローソフトのイメージ

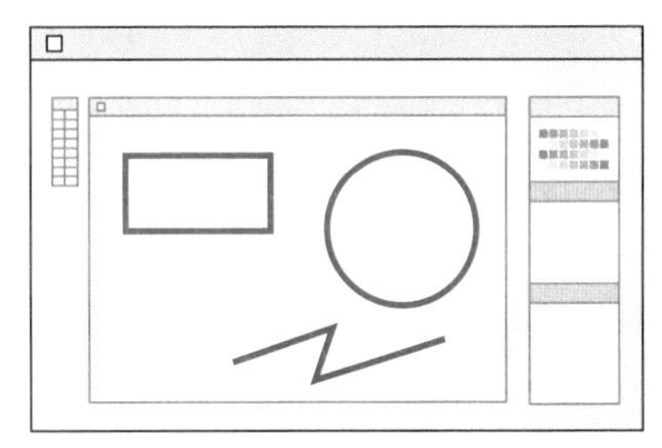

図形の情報と、その図形を画面に描画する機能はそれぞれに対応したクラスで宣言します。折れ線は**Polyline**クラス、四角形は**Rectangle**クラス、円は**Circle**クラスとしましょう。ただし、これらの図形クラスには共通する属性（線の太さや色など）がありますから、それらは**Shape**（形）というスーパークラスにまとめておきます。つまり、それぞれのクラスは、**Shape**クラスのサブクラスとして定義することにします。

これらクラスの継承関係は図❽-2のように表せます。

図❽-2　各クラスの継承関係

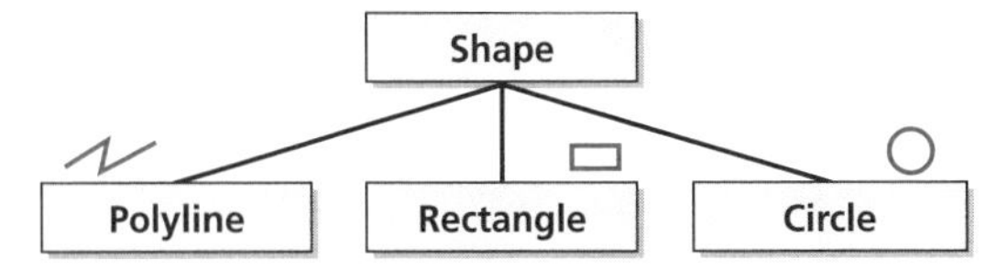

このクラス階層をプログラムコードにすると、次のようになります。

```
class Shape {
    // すべての図形に共通する情報を格納するフィールド（線の太さ、色など）
}
class Polyline extends Shape {   ←Shapeクラスを継承します
    // 折れ線に関する情報を格納するフィールド（各頂点の座標など）
```

```
}

class Rectangle extends Shape {   ← Shapeクラスを継承します
    // 長方形に関する情報を格納するフィールド（4隅の頂点の座標など）
}

class Circle extends Shape {   ← Shapeクラスを継承します
    // 円に関する情報を格納するフィールド（中心座標と半径など）
}
```

Polyline、**Rectangle**、**Circle**クラスのインスタンスは、次のようにすべて**Shape**型の配列に入れて管理できます。

```
Shape[] shapes = new Shape[3];
shapes[0] = new Polyline();
shapes[1] = new Rectangle();
shapes[2] = new Circle();
```

Shapeクラスの配列に、そのサブクラスのインスタンスを格納できます

また、これらすべてのクラスに図形を描画する機能として**draw**メソッドを宣言しておきます。すると、次のようにポリモーフィズムの仕組みを使って、図形（クラス）を問わず、**draw**メソッドで描画することができます。

```
for (int i = 0; i < 3; i++) {
    shapes[i].draw();   ← 各インスタンスのdrawメソッドが実行されます
}
```

ところで、**Shape**クラスのインスタンスを次のように生成することは、今後ありえるでしょうか？

```
Shape s = new Shape();
```

Shapeクラスは、図形クラスに共通する属性をまとめるために作ったのであって、そもそも何か具体的な形を表しているわけではありません。したがって、**Shape**クラスのインスタンスを生成することはなさそうです。むしろ、**Shape**クラスのインスタンスを生成してはいけません。

しかし、誰かが誤って**Shape**クラスのインスタンスを生成するプログラムコードを書いてしまうかもしれません。それならば、いっそ**Shape**クラスのインスタンスを作れないようにしたほうが確実です。

抽象クラスはこのような場面で使えます。次のように**abstract**修飾子をつ

けて、Shapeクラスを抽象クラスにしましょう。

```
abstract class Shape {
}
```

次のように記述して、Shapeクラスのインスタンスを生成しようとすると、コンパイルエラーになります。

```
Shape s = new Shape();
```

これで、Shapeクラスをインスタンスを生成できないクラスにできました。

実体のない抽象メソッド

KEYWORD
●抽象メソッド

メソッドにabstract修飾子をつけることで、命令の入っていない空っぽの抽象(ちゅうしょう)メソッドを宣言できます。

先ほど宣言した図形クラスに対してポリモーフィズムの仕組みを使うには、Shapeクラスも含めて、すべてのクラスにdrawメソッドが宣言されている必要があります。ただし、Shapeクラスのdrawメソッドには描画するものがありません。そこで、Shapeクラスのdrawメソッドは、次のようにabstract修飾子をつけて抽象メソッドとします。

```
abstract void draw();
```

呼び出されたときに実行する命令を記述しないので、{}を省き、末尾にセミコロン（;）をつけます。

抽象メソッドを含むクラスは、必ず抽象クラスにしなければなりません。また、抽象クラスを継承したサブクラスは、抽象メソッドをオーバーライドしない限り抽象クラスのままです。

Shapeクラスのサブクラスである Polyline、Rectangle、Circleクラスのインスタンスは、drawメソッドで図形を描画できなければなりませんから、drawメソッドのオーバーライドは必須です。Shapeクラスのdrawメソッドを抽象メソッドにすることは、サブクラスで確実にdrawメソッドをオーバーライドさせる手段にもなるわけです。

　次のプログラムコードは、各クラスで**draw**メソッドを宣言した例です（List ❽-2）。なお、実際に折れ線や四角、円などを画面に描画するには、そのための特別な知識が必要なので（実践編で説明します）、ここでは代わりに簡単な記号をコンソールに出力しています。

List❽-2　08-01/PolymorphismExample.java

```
 1: abstract class Shape {
 2:     abstract void draw();
 3: }
 4:
 5: class Polyline extends Shape {
 6:     //折れ線を描画する
 7:     void draw() {
 8:         System.out.println("N");
 9:     }
10: }
11:
12: class Rectangle extends Shape {
13:     //長方形を描画する
14:     void draw() {
15:         System.out.println("□");
16:     }
17: }
18:
19: class Circle extends Shape {
20:     //円を描画する
21:     void draw() {
22:         System.out.println("○");
23:     }
24: }
25:
26: public class PolymorphismExample {
27:     public static void main(String[] args) {
28:         Shape[] shapes = new Shape[3];
29:         shapes[0] = new Polyline();
30:         shapes[1] = new Rectangle();
31:         shapes[2] = new Circle();
32:
33:         for (int i = 0; i < 3; i++) {
34:             shapes[i].draw();
35:         }
36:     }
37: }
```

- 2行目：抽象メソッドです。Shapeクラスのサブクラスではこのメソッドをオーバーライドする必要があります
- 5行目：Shapeクラスを継承します。drawメソッドをオーバーライドする必要があります
- 7行目：Shapeクラスのdrawメソッドをオーバーライドします
- 8行目：とりあえず記号を出力して済ませてしまいます
- 12行目：Shapeクラスを継承します。drawメソッドをオーバーライドする必要があります
- 14行目：Shapeクラスのdrawメソッドをオーバーライドします
- 15行目：とりあえず記号を出力して済ませてしまいます
- 19行目：Shapeクラスを継承します。drawメソッドをオーバーライドする必要があります
- 21行目：Shapeクラスのdrawメソッドをオーバーライドします
- 22行目：とりあえず記号を出力して済ませてしまいます
- 28行目：Shape型の配列を宣言します
- 29～31行目：Shape型の配列に、そのサブクラスのインスタンスを格納できます
- 34行目：各インスタンスのdrawメソッドが実行されます

実行結果

```
N
□
○
```

実行結果を見ると、ポリモーフィズムの仕組みを利用して、各サブクラスの`draw`メソッドを実行できたことがわかります。

登場した主なキーワード

- **抽象クラス**：宣言に`abstract`修飾子がついたクラス。インスタンスを作れません。
- **抽象メソッド**：宣言だけで処理が記述されていないメソッド。サブクラスで必ずオーバーライドしなければなりません（ただし、サブクラスも抽象クラスとする場合を除きます）。

まとめ

- 抽象クラスはインスタンスを生成できないクラスです。
- 抽象メソッドは、宣言だけで処理が記述されていないメソッドです。サブクラスでオーバーライドし、呼び出されたときに実行する具体的な処理を記述します。

8-3 インタフェース

学習のポイント

- インタフェースとはクラスが持つべきメソッドを記したルールブックのようなものです。
- クラスはインタフェースを実装することができます。
- インタフェースを実装するクラスは、インタフェースで宣言されたメソッドをすべて実装しなくてはなりません。

継承の限界

継承には、「1つのクラスに、スーパークラスはただ1つだけ（1つのクラスからしか継承できない）」という制約がありました（図❽-3）。

図❽-3 (a) スーパークラスを継承するサブクラスはいくつでも作れます。
(b) サブクラスは複数のスーパークラスを持つことはできません。

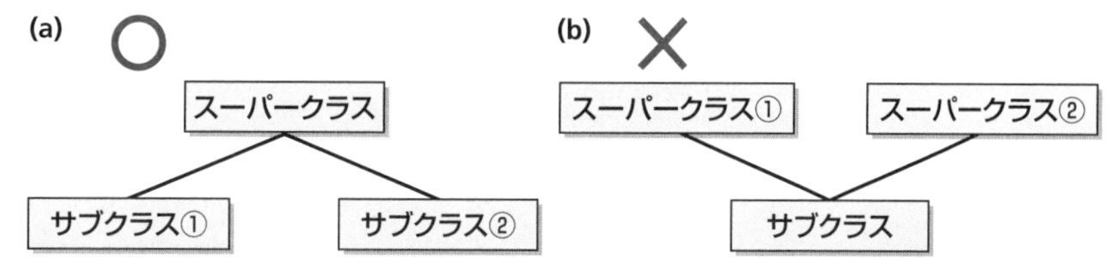

Java言語のルールでは、図❽-3 (a) に示すように、あるクラスを継承するサブクラスはいくつでも作ることができますが、(b) のように複数のクラスを継承するサブクラスは作ることができません。複数のスーパークラスを継承することを多重継承（たじゅうけいしょう）といいますが、Java言語は多重継承のできない言語なのです。

KEYWORD
●多重継承

多重継承をしたくなる場合とは

図❽-4のようなクラス階層で、図形を表すクラスの宣言を行ったとします（注❽-4）。

注❽-4
図❽-4とは異なるクラス階層にすることもできます。ここで紹介するのは1つの例にすぎません。

図❽-4 図形のクラス階層の例

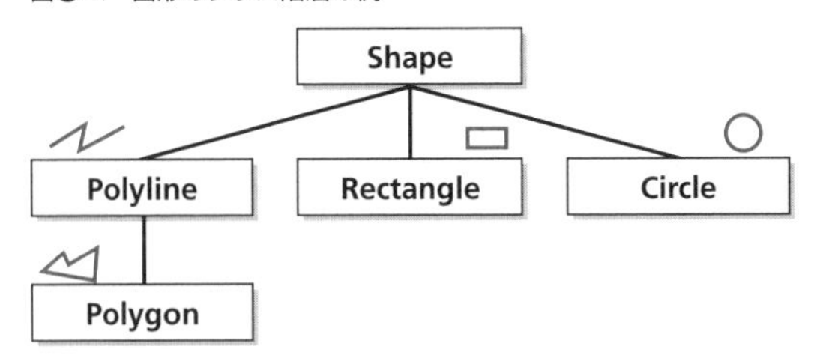

Shapeクラスから派生した4つのクラスのうち、閉じていて面積のある図形になるのはPolygon（多角形）とRectangle（長方形）とCircle（円）です。これらに共通する機能として、面積を求めるgetAreaメソッドを宣言することを考えた場合、getAreaメソッドを持つClosedShape（閉じた形）というクラスを図❽-5のように継承できると、ポリモーフィズムの仕組みを使えて便利です。しかし、これは多重継承になってしまい、Java言語ではできません（注❽-5）。

注❽-5
Java言語以外の言語では多重継承を行えるものもあります。しかし、多重継承には複雑で扱いが難しいという問題があります。

図❽-5 多重継承のイメージ。Java言語ではこのような多重継承はできない

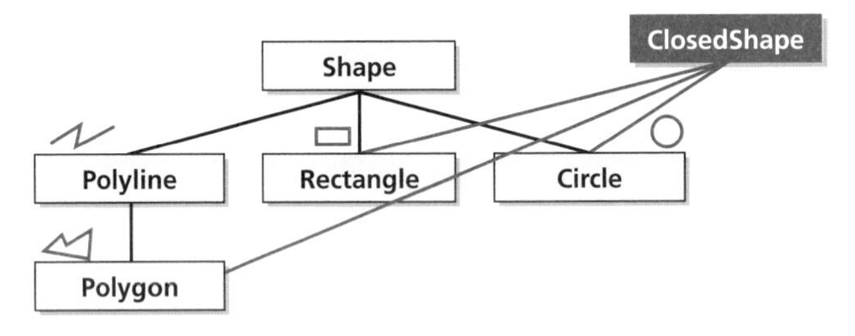

KEYWORD
●インタフェース

こうしたケースにも対応するため、Java言語には多重継承の代わりにインタフェースという、継承関係にないクラスの間でポリモーフィズムを実現するための手段があります。

インタフェースの使い方

インタフェースとは、クラスが持つべきメソッドを記したルールブックのようなものです。たとえば、Polygonクラス、Rectangleクラス、Circleクラスがそれぞれ getAreaメソッドを間違いなく持っていることをプログラムコードで約束するには、次のような手順でインタフェースを使います。

1.「getAreaメソッドを持たなくてはならない」というルールを作成する(インタフェースの宣言)

2. Polygonクラス、Rectangleクラス、Circleクラスがそれぞれ「1.で作成したルールを守ります」と宣言する(implements宣言)

3. 1.で作成したルールのとおり、Polygonクラス、Rectangleクラス、Circleクラスにgetareaメソッドを追加する(インタフェースの実装)

それでは、これらの手順を具体的に見ていきましょう。

KEYWORD
●interface

1.の「getAreaメソッドを持たなくてはならない」というルールは、interface(インタフェース)キーワードを使い、インタフェースとして宣言します。インタフェースを宣言する構文は次のとおりです。

構文❽-1 インタフェースの宣言

```
interface インタフェース名 {
    メソッドの宣言
}
```

クラスの宣言に似ていますが、メソッドの中身は記述せず、クラスが持たなくてはならないメソッドの宣言だけを記します。1.に挙げているルールをインタフェースとして実際に宣言してみると、次のようになります。

```
interface HasGetAreaMethod {
    double getArea();
}
```

- interface:最初に記述すべきキーワードです
- HasGetAreaMethod:ルールの名前です。好きな名前にできます
- double getArea();:ルールとして持たなくてはならないメソッドの宣言を記述します

インタフェースの名前はHasGetAreaMethodとしました。インタフェースには好きな名前をつけられますが、原則としてクラスの名前をつけるときの慣習にならいます。また、インタフェースで宣言したメソッドは修飾子を何もつけなくても、暗黙的にpublic abstract修飾子がついているものとして扱われます。

KEYWORD
●implements

2.の宣言は、クラス名の後ろにimplements(インプリメンツ)キーワードを使って行います。構文は次のとおりです。

構文❽-2 インタフェースで定めたルールに従うクラスを宣言する

```
class クラス名 implements インタフェース名 {
    クラスの内容
}
```

HasGetAreaMethodインタフェースの場合、次のように記述します。

```
class クラス名 implements HasGetAreaMethod {
    クラスの内容
}
```

クラス名の後ろにimplementsキーワードを記述します

implements HasGetAreaMethodという記述は、「このクラスはHasGetAreaMethodインタフェースに記載されているルールを満たします」と宣言していることになります。そのため、クラスの宣言の中で必ずgetAreaメソッドを実装しなくてはなりません（getAreaメソッドが実装されないとコンパイルエラーになります）。

3.の手順で、クラスの中にdouble型の戻り値を持つgetAreaメソッドを具体的に宣言します。このようにインタフェースに沿ってクラスのメソッドを宣言することを、インタフェースを実装（じっそう）する、といいます（注❽-6）。

KEYWORD
●実装

注❽-6
サブクラスで抽象メソッドに具体的な処理を定義することも、実装といいます。

なお、インタフェースで宣言されたメソッドは、暗黙的にpublic abstract修飾子つきとして扱われるため、クラスで実装する際にも宣言に必ずpublic修飾子をつける必要があります。

これまでに説明したように、HasGetAreaMethodインタフェースを実装しているクラスは、getAreaメソッドを持っていることが保証されます。そのようすを表したのが図❽-6です。

図❽-6 getAreaメソッドを持っていることを保証

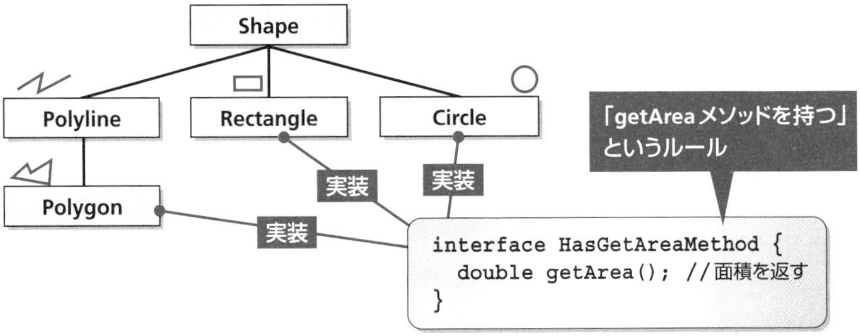

インタフェースを使うことで、特定のクラスを継承しなくても、「このクラスは

このようなメソッドを持っている」ということを約束することができます。これによって、継承関係のない複数のクラス（ここでは**Polygon**、**Rectangle**、**Circle**）の間で、第7章の7-4節で説明したポリモーフィズムの仕組みを使えるようになります。

インタフェースの使用例

第7章の7-2節では、スーパークラスを型にした変数にサブクラスのインスタンスを代入できることを説明しました。これと同じように、インタフェースを型にした変数に、そのインタフェースを実装したクラスのインスタンスを代入できます。つまり、次のような記述が可能です。

インタフェース名です

```
HasGetAreaMethod[] closedShapes = new HasGetAreaMethod[3];
closedShapes[0] = new Polygon();
closedShapes[1] = new Rectangle();
closedShapes[2] = new Circle();
```

HasGetAreaMethod型の配列に格納されたインスタンスは、必ず**getArea**メソッドを持っていることが保証されています。そのため、次のようにして、配列**closedShapes**に格納されたインスタンスの**getArea**メソッドを呼び出すことができます。

```
for (int i = 0; i < 3; i++) {
    double area = closedShapes[i].getArea();
    System.out.println("面積は" + area);
}
```

実際に実行されるのは、各インスタンスのクラスに定義された**getArea**メソッドで、インスタンスごとに異なる方法で面積を求めることになります。これを可能にしているのはポリモーフィズムの仕組みです。繰り返しになりますが、インタフェースのメリットは、このようにポリモーフィズムの仕組みを使えることにあります。

次のプログラムコードは、図❽-6に示した内容をプログラムコードに表したものです（List❽-3）。クラスが6つ、インタフェースが1つ含まれるたいへん大きなプログラムコードですが、図❽-6と見比べながら読み取ってください。

List❽-3 08-02/PolymorphismExample2.java

```
 1: interface HasGetAreaMethod {
 2:     double getArea(); // 面積を返す
 3: }
 4:
 5: abstract class Shape {
 6:     abstract void draw();
 7: }
 8:
 9: class Rectangle extends Shape implements HasGetAreaMethod {
10:     void draw() {
11:         System.out.println("□");
12:     }
13:     public double getArea() {
14:         System.out.println("RectangleクラスのgetAreaメソッドが ➡
            呼び出されました");
15:         return 1.0;
16:     }
17: }
18:
19: class Circle extends Shape implements HasGetAreaMethod {
20:     void draw() {
21:         System.out.println("○");
22:     }
23:     public double getArea() {
24:         System.out.println("CircleクラスのgetAreaメソッドが ➡
            呼び出されました");
25:         return 1.0;
26:     }
27: }
28:
29: class Polyline extends Shape {
30:     void draw() {
31:         System.out.println("N");
32:     }
33: }
34:
35: class Polygon extends Polyline implements HasGetAreaMethod {
36:     void draw() {
37:         System.out.println("凸");
38:     }
39:     public double getArea() {
40:         System.out.println("PolygonクラスのgetAreaメソッドが ➡
            呼び出されました");
41:         return 1.0;
42:     }
43: }
44:
45: public class PolymorphismExample2 {
46:     public static void main(String[] args) {
47:         HasGetAreaMethod[] closedShapes = new ➡
            HasGetAreaMethod[3];
```

- 1行目：インタフェースの宣言です
- 2行目：このインタフェースを実装するクラスは必ずこのメソッドを持たなくてはいけません
- 5行目：抽象クラスです。Shapeクラスのインスタンスは生成できません
- 6行目：抽象メソッドです。Shapeクラスのサブクラスはこのメソッドを実装しなくてはいけません
- 9行目：drawメソッド持つことを約束します／getAreaメソッド持つことを約束します
- 15行目：とりあえず1.0を返すこととします
- 19行目：drawメソッド持つことを約束します／getAreaメソッド持つことを約束します
- 25行目：とりあえず1.0を返すこととします
- 29行目：drawメソッド持つことを約束します
- 35行目：やはりdrawメソッド持つことを約束します／getAreaメソッド持つことを約束します
- 41行目：とりあえず1.0を返すこととします
- 47行目：HasGetAreaMethod型の配列を宣言します

```
48:         closedShapes[0] = new Polygon();
49:         closedShapes[1] = new Rectangle();
50:         closedShapes[2] = new Circle();
51:
52:         for (int i = 0; i < 3; i++) {
53:             closedShapes[i].getArea();
54:         }
55:     }
56: }
```

HasGetAreaMethodインタフェースを実装したクラスのインスタンスを代入できます

インスタンスが持つgetAreaメソッドを呼び出します

➡は紙面の都合で折り返していることを表します。

実行結果

```
PolygonクラスのgetAreaメソッドが呼び出されました
RectangleクラスのgetAreaメソッドが呼び出されました
CircleクラスのgetAreaメソッドが呼び出されました
```

Polygon、**Rectangle**、**Circle**という継承関係にないクラス間で、ポリモーフィズムの仕組みを使うことができました。

複数のインタフェースの実装

クラスの宣言では、複数のインタフェースを同時に実装できます。**InterfaceA**、**InterfaceB**という名前のインタフェースを、クラス**A**が実装する場合、次のように記述します。

構文❽-3 複数のインタフェースを実装

```
class A implements InterfaceA, InterfaceB {
    クラスの内容
}
```

このようにカンマ（**,**）で区切って、実装するインタフェースをいくつでも並べられます。複数のインタフェースを実装する場合には、それぞれのインタフェースで宣言されているメソッド（実装しなくてはならないと定められているメソッド）をすべて実装する必要があります。

定数の宣言

インタフェースには、メソッドだけでなく**定数**（値を変更できない変数）も宣言できます。たとえば、次のように記述すると、**UP**（上）・**DOWN**（下）・**LEFT**

(左)・**RIGHT** (右) という4つの定数が宣言されます。

```
interface MoveDirection {
    int UP = 0;
    int DOWN = 1;
    int LEFT = 2;
    int RIGHT = 3;
}
```

インタフェースのフィールドで宣言された変数は、修飾子を何もつけなくても暗黙的に**public static final**という3つの修飾子がついているものとして扱われ、後で変更できない変数、つまり定数になります。

KEYWORD
●ドット(.)

インタフェースで宣言した定数は、インタフェース名にドット(**.**)をつけることで参照できます。たとえば、次の命令文が実行されると、**0**がコンソールに出力されます。

```
System.out.println(MoveDirection.UP);
```

先ほどの4つの定数は、たとえば、次のような何かを動かすための**move**メソッドで、受け取った引数が上下左右どの方向を表す値かを判断するときなどに使うと、プログラムコードがとても読みやすくなります。

```
void move(int direction) {
    switch (direction) {
        case MoveDirection.UP:
            // 上に移動する処理
        break;
        case MoveDirection.DOWN:
            // 下に移動する処理
        break;
        case MoveDirection.LEFT:
            // 左に移動する処理
        break;
        case MoveDirection.RIGHT:
            // 右に移動する処理
        break;
    }
}
```

もちろん、**switch**文だけでなく**if**文のほか、さまざまな文と式で定数は便利に使えます。

最後に、クラスと比較したときのインタフェースの特徴をまとめておきましょう。

- インスタンスを作れない
- インタフェースで宣言したメソッドは、暗黙的に**public abstract**修飾子がついているものとして扱われる
- インタフェースで宣言したフィールドは、暗黙的に**public static final**修飾子がついているものとして扱われる（つまり、定数として扱われる）

メモ

インタフェースも、クラスと同じように継承することができます。構文は次のとおりです。

構文❽-4 インタフェースの継承

```
interface インタフェース名 extends 継承元のインタフェース名, …… {
    メソッドの宣言
}
```

これにより、インタフェースが定めるルールを拡張することができます。

メモ

プログラミングの学習を始めたばかりのころには、インタフェースを自分で作成する機会はあまりないでしょう。しかし、マウスカーソルで操作できるアプリケーションを作るときや、コレクションフレームワーク（たくさんのインスタンスを管理するための枠組み）を使用するとき、マルチスレッド（複数の処理を並行して行うこと）のプログラムを作成するときなどでは、そのために用意されているインタフェースを使うことになります。これらについては実践編で取り上げます。

インタフェースを学習したばかりのころには、インタフェースの作り方よりも、インタフェースの仕組みと使い方を理解することに専念しましょう。

登場した主なキーワード

- **インタフェース**：クラスに含まれるべき定数とメソッドを宣言した、ルールブックのようなもの。
- **implements**：インタフェースを実装するクラスの宣言で使用するキーワード。

まとめ

- インタフェースとは、クラスに含まれるべきメソッドと定数を宣言するものです。
- インタフェースを実装するには、クラスの宣言で「**implements** インタフェース名」と記述します。
- インタフェースを実装するクラスは、インタフェースに含まれるメソッドをすべて実装する必要があります。
- インタフェースを型とする変数には、そのインタフェースを実装したクラスのインスタンスを代入できます。
- 1つのクラスで複数のインタフェースを実装できます。

8-4 抽象クラスとインタフェース（バーチャルペットクラスを抽象クラスにする）

学習のポイント

- 抽象クラスの活用例を学びます。
- この章で学習した内容を利用して、第7章の7-5節で作成したバーチャルペットクラスを改良してみます。

抽象化で実装の意図を伝える

第7章の7-5節では、**VirtualPet**クラスを作成し、**VirtualDog**クラスと**VirtualBird**クラスを**VirtualPet**クラスのサブクラスにしました。**VirtualPet**クラスは、バーチャルペットに共通する情報と機能をまとめるためのクラスですので、このクラスのインスタンスを生成することはありません。つまり、実際のプログラムコードでは、

```
VirtualPet pet = new VirtualPet("ポチ", 100, 50);
```

のように記述することはありえないわけです。しかしながら、このような事情を知らない場合には、インスタンスを作ってしまうかもしれません。

そこで、**VirtualPet**クラスを抽象クラスにして、インスタンスを生成できないようにしましょう。

とはいえ難しいことはありません。することといえば、次のように**VirtualPet**クラスの宣言に**abstract**キーワードをつけることだけです。

abstractキーワードをつけると抽象クラスになります

```
abstract class VirtualPet {
    （中略）
}
```

このようにすることで、「バーチャルペットに共通する情報と機能だけは決めておくから、具体的な機能はペットのタイプに合わせて、サブクラスで実装しなさい」という意図をプログラムコードで示すことができます。

さらに、**move**メソッドにも**abstract**修飾子をつけることにしましょう。

```
abstract class VirtualPet {     ← abstractキーワードをつけると抽象クラスになります
    (中略)

    abstract void move();   ← 中身が実装されていない抽象メソッドです
}
```

このようにすると、**VirtualPet**クラスを継承するクラスでは、必ず**move**メソッドを実装しなければいけません。

うっかり**move**メソッドを宣言し忘れて、**move**メソッドを呼び出しても何も処理されない、というミスを防ぐことができます。

抽象クラスや抽象メソッドを使わなくても、プログラムを作っている人に直接伝えれば**move**メソッドを宣言してもらえるかもしれませんが、口頭で約束するよりもだんぜん強制力があります。

インタフェースの活用

今回は、イヌ型と鳥型のバーチャルペットだけを扱いましたが、たとえば今後、ネコ型、サル型、馬型、魚型など、さまざまなタイプのバーチャルペットを追加することになるかもしれません。その際には、すべてのクラスが**VirtualPet**クラスを継承し、追加が必要な機能を実装していくことになります。その中で、たとえば「木に登れるタイプ」とか「泳げるタイプ」という具合にグループ分けして処理したい場面が出てくるかもしれません。そのような場合には、機能ごとにインタフェースを作成し、それぞれのクラスが機能に応じたインタフェースを実装するようにすると便利です。

次のように、木に登ることができる動物、泳ぐことができる動物、それぞれのクラスが持つべき**climb**（木に登る）メソッドと、**swim**（泳ぐ）メソッドを、**Climbable**（木に登れる）インタフェースと**Swimmable**（泳げる）インタフェースに宣言します。

```
interface Climbable {   // 木に登る機能を持っている
    void climb();
}
```

```
interface Swimmable {  // 泳ぐことができる
    void swim();
}
```

それぞれの機能を持つクラスは、次のように宣言し、インタフェースに宣言されたメソッドを実装します。

```
class VirtualMonkey extends VirtualPet implements Climbable {
    (中略)
    public void climb() {
    // 木に登る処理
    }
}
```

```
class VirtualFish extends VirtualPet implements Swimmable {
    (中略)
    public void swim() {
    // 泳ぐ処理
    }
}
```

このようにすることで、それぞれのインタフェースを実装したクラスに対して7-4節で紹介したような、ポリモーフィズムの仕組みを活用できます。

まとめ

- クラスやメソッドを抽象クラスや抽象メソッドにすることには、「処理の具体的な実装はサブクラスで行いなさい」という意図をほかの開発者に伝える意味があります。

練習問題

8.1 抽象クラスとはどのようなものか説明してください。

8.2 次の文章のうち、誤っているものには×を、正しいものには○をつけてください。

(1) インタフェースの宣言の中ではメソッドが行う処理の内容を記述しない。

(2) 1つのクラスが実装できるインタフェースは1つまでである。

(3) インタフェースを実装するクラスは、インタフェースに含まれるメソッドを実装してもしなくてもよい。
(4) インタフェースの中で複数のメソッドと複数の変数を宣言できる。
(5) インタフェースの中で宣言された変数の値を、インタフェースを実装するクラスで変更できる。

8.3 次の文章は修飾子の説明文です。何の修飾子を説明したものか答えてください。

(1) フィールドやメソッドにつけるアクセス修飾子で、これを宣言でつけると、同じクラス内からしかアクセスできなくなります。
(2) フィールドにつけると、値を変更できなくなります。値が変化しない定数を扱うときに使います。
(3) クラス変数またはクラスメソッドを宣言するときに使います。

8.4 次のように、インタフェースを1つとクラスを3つ宣言しました。

```
interface I { }
abstract class A { }
class B extends A { }
class C implements I { }
```

変数の宣言とインスタンスの生成を行う場合、次の中で誤っているものはどれでしょう。

(1) `A a = new A();`
(2) `B b = new B();`
(3) `C c = new C();`
(4) `I i = new I();`
(5) `A b = new B();`
(6) `B a = new A();`
(7) `I b = new B();`
(8) `I c = new C();`

付録A
Eclipseの導入とサンプルプログラムの実行

Eclipseの準備

本書での学習を進めるには、Javaプログラムを作成・実行するソフトウェアである「Eclipse（エクリプス）」を使用すると便利です。Eclipseは、Eclipse Foundation（https://www.eclipse.org/）が無償で配布している統合開発環境です。

学校や企業では、すでにEclipseが準備されていることが多いですが、ご自宅のPCにインストールする場合には、MergeDoc Projectによって運営されている次のURLのWebページからダウンロードして利用することをおすすめします。ここでダウンロードできるFull Editionというパッケージは、Eclipseの各種設定が自動で行われるので、起動してすぐに利用できます。

https://mergedoc.osdn.jp/

このWebページから「Pleiades All in Oneダウンロード」の下にある最新版をクリックし、リンク先に移動します。そこで、使用しているOSの「Full Edition」の「Java」に対応する［Download］ボタンを押します。ダウンロードしたZipファイルを解凍するだけで準備が完了します※。以降の説明では、Windows上で使用することを前提としていますが、Pleiades All in OneはmacOSでも使用できます。詳しくは上記Webページの説明を参照してください。本書での説明は、執筆時点における最新版の「リリース2020-12（Pleiades All in One Java）」に含まれるEclipseに基づいていますが、これ以降の新しいバージョンを使ってもかまいません。

Eclipseの起動

ステップ1：起動

Eclipseを起動するには、eclipseフォルダの中にある「eclipse」実行ファイル（eclipse.exe）をダブルクリックします（画面A-1）。

画面A-1 「eclipse」実行ファイルのアイコン

※ Webページに注意書きがあるように、Windowsで解凍する際には「7-Zip」という解凍ソフトを利用しましょう。注意書きのなかに、7-Zipのダウンロードページへのリンクがあります。

ステップ2：ワークスペースの設定

Eclipseを最初に起動したときには画面A-2のダイアログが表示され、「ワークスペース」の場所を尋ねられます。ワークスペースとは、Eclipse上で作成するプログラムコードなどを保存する場所（フォルダ）のことです。Eclipseでプロジェクトを作成すると、ワークスペースとして指定したフォルダに保存されます。

変更する必要がない場合は、そのままにしておきます。eclipseフォルダと同じ階層にworkspaceという名前のフォルダが作成され、そこに保存されます。

画面A-2　ワークスペースの設定を行うダイアログ

Eclipse IDE ランチャー
ワークスペースとしてのディレクトリー選択
Eclipse IDE は設定や開発成果物を保管するためにワークスペース・ディレクトリーを使用します。
ワークスペース(W): ../workspace　参照(B)...
この選択をデフォルトとして使用し、今後この質問を表示しない(U)
最近使ったワークスペース(R)
起動(L)　キャンセル

［起動］ボタンをクリックするとEclipseが起動し、画面A-3のような画面が表示されます。

画面A-3　Eclipseを起動したときの画面

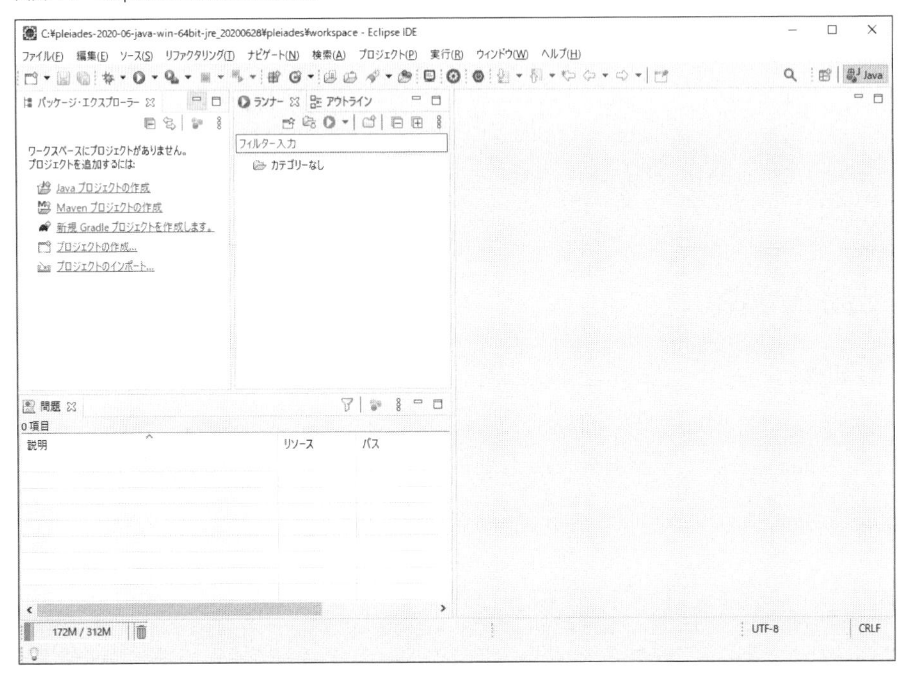

これ以降の操作については、第1章「1-3 プログラムの作成」を参照してください。
Eclipseを終了させるときには、右上の［×］ボタン（［閉じる］ボタン）をクリックします。

サンプルプログラムの実行

本書のサンプルプログラムコードは、インターネットからダウンロードして入手できます。入手先のURLは巻頭のVページを参照してください。

プログラムコードが、Eclipseにそのまま読み込める「プロジェクト」の形で収録されています。これを参照したり実行したりするには、次の手順でEclipseを操作して、プロジェクトを読み込んでください。

なお、皆さんが自分で作成したプロジェクトと重複しないように、プロジェクトの名前には、末尾に「S」をつけてあります。本文でのプロジェクト名が「01-01」の場合、収録されているプロジェクトの名前は「01-01S」です。

1. ［ファイル］メニュー →「インポート」を選択します。

2. 表示された「インポート（選択）」ダイアログで、［一般］→［既存プロジェクトをワークスペースへ］を選択し、［次へ］をクリックします。

画面A-4　［既存プロジェクトをワークスペースへ］を選択

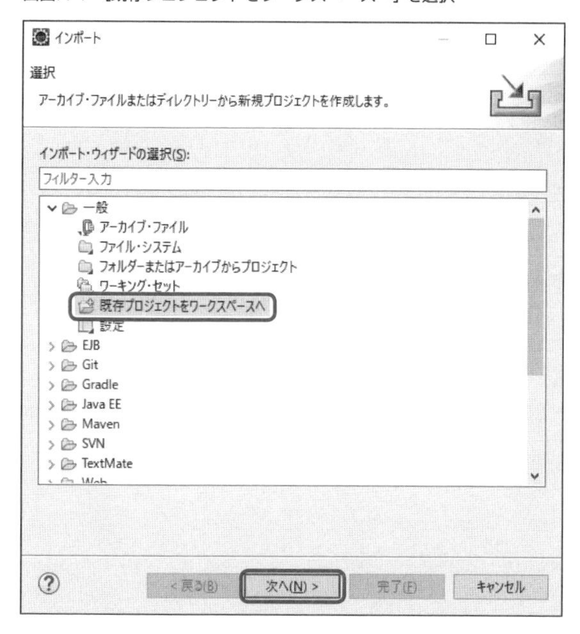

3. 「インポート（プロジェクトのインポート）」ダイアログの「ルート・ディレクトリーの選択」を入力するために［参照］ボタンをクリックします。すると、「フォルダーの選択」ダイアログが開くので、ダウンロードした「sample」フォルダを選択して［フォルダーの選択］ボタンをクリックします。

画面A-5 「ルート・ディレクトリーの選択」に入力する「sample」フォルダを選択

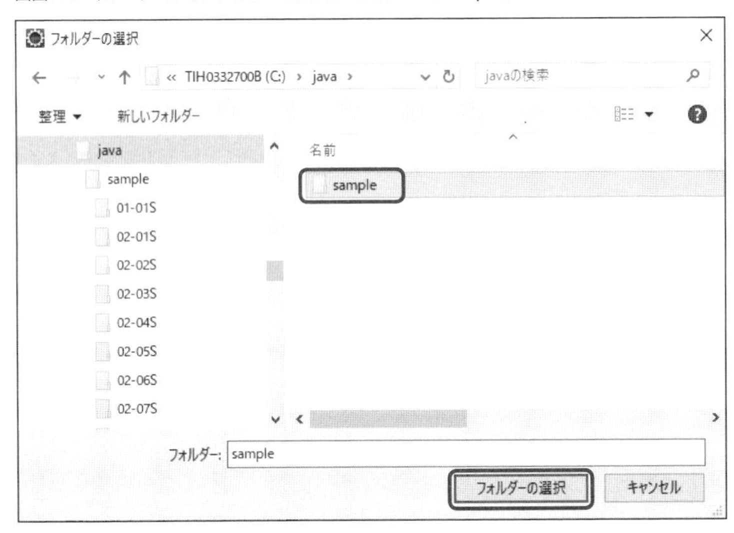

4. 「プロジェクト」にサンプルのプロジェクトの一覧が表示されるので、インポートしたいプロジェクトにチェックをつけ、「プロジェクトをワークスペースにコピー」にチェックをつけてから［完了］ボタンをクリックします。通常は、すべてのプロジェクトに最初からチェックがついています。

画面A-6　インポートしたいプロジェクトにチェックをつける

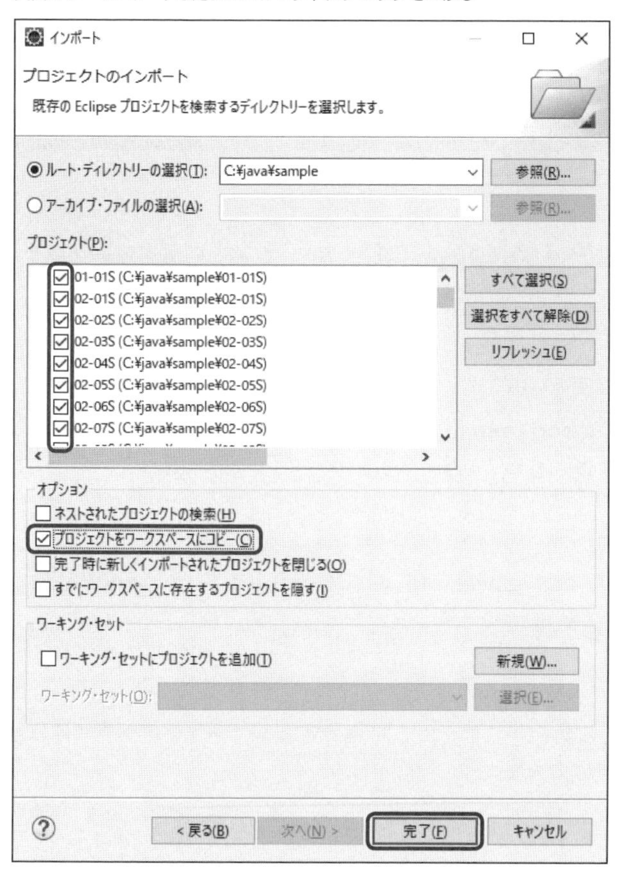

5.　サンプルのプロジェクトが表示されたら、実行したいプロジェクトを［パッケージ・エクスプローラー］ビューで選択し、［実行］メニュー→［実行］−［Javaアプリケーション］を選択します。

画面A-7　［実行］メニュー→［実行］−［Javaアプリケーション］を選択

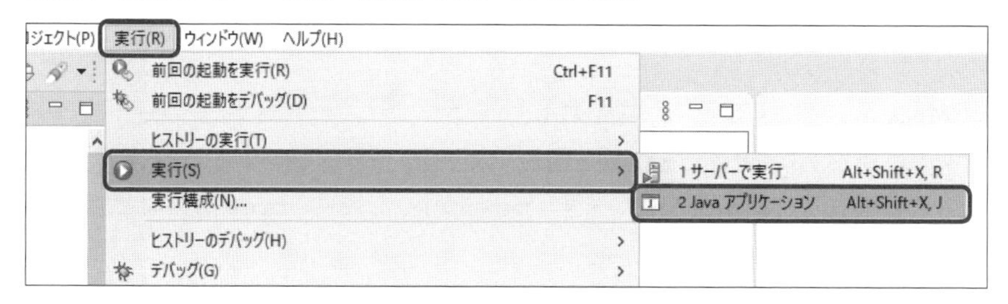

付録 B

C/C++言語との違い

C/C++言語を学習した経験がある方のために、Java言語とC/C++言語との主な違いを簡単にまとめておきます。

■ if 文の条件式に int 型の値は使えない

`if`文で使用する条件式の値は`boolean`型である必要があり、`int`型の値などは使えません（`if (1)`{（略）}のような書き方はできません）。

■ 配列はnewを使って確保する

`int[] a = new int[5];`のように、`new`を使って配列を作ります。`a.length`として、配列の要素の数を知ることもできます。

■ 構造体がない

構造体は定義できません。その代わりにクラスで同等の定義ができます。クラスには変数だけでなくメソッド（関数）を定義できます。

■ プリプロセッサがない

`#include`、`#define`、`#if`、`#ifdef`などを使って指示するプリプロセッサやマクロの機能はありません。

■ 文字列は String 型で扱う

文字列は`char`型の配列や`string`型ではなく、`String`型で扱います。`String str = "Hello";`のように記述します。

■ ポインタがない

ポインタの概念がありません。`malloc`関数のようにメモリを確保することもできません。インスタンスの生成時には`new`を使います。`new`を行った後に、`free`関数などでメモリを解放する必要はありません。

■ 演算子のオーバーロードができない

C++言語で可能な演算子のオーバーロードができません。

付録 C

練習問題の解答

※ 解答がプログラムの場合、それは解答の一例です。ほかにも適正な動作をする書き方があることもあります。

※ リスト中の「➡」は、紙面の都合で折り返していることを表します。

第1章

1.1 （1）Java言語で記述されたプログラムコードはコンパイルされてバイトコードになります。このバイトコードをJava仮想マシンが解釈して実行します。

（2）Java言語では、プログラムコードの大文字と小文字が異なる文字として区別されます。

（3）Java言語は、大規模なシステム開発にも利用されています。

（4）Java言語で書かれたプログラムコードをバイトコードに変換するのはコンパイラの役目です。

（5）Java言語のプログラムコードは、拡張子が.javaで、これをコンパイルしてできるファイルは拡張子が.classというバイトコードです。

（6）EclipseはJava言語によるプログラム作成を支援する1つのアプリケーションにすぎないので、Eclipseが必ず必要なわけではありません。

（7）コメント文はプログラムの動作に影響しません。

1.2 空欄（1）(e)、空欄（2）(d)、空欄（3）(c)、空欄（4）(b)、空欄（5）(a)

第2章

2.1 2行目と3行目の間に「`double x;`」という記述を追加する。

» 解説

変数`x`の宣言が必要です。小数点を含む計算の結果を格納するために`double`型の変数の宣言を追加します。3行目を`double x = 5 * 0.5;`としてもかまいません。

2.2 5

» 解説

5行目の「`j *= i;`」で変数`j`の値は`10`になります。7行目の「`k /= 2;`」で変数`k`の値は`5`になるので、最終的に`5`が出力されます。

2.3 (1) `a += 5;`

(2) `b -= 6;`

(3) `c *= a;`

(4) `d /= 3;`

(5) `e %= 2;`

(6) `f++;`（または`f += 1;`）

(7) `g--;`（または`g -= 1;`）

2.4 3行目と4行目の`int`を`double`に置き換えて、「`double a = 7;`」「`double b = 2;`」とする。

» 解説

5行目を次のようにして`double`型に型変換（キャスト）するのでもかまいません。

```
double d = (double) a/ (double) b;
```

第3章

3.1 (1) `a == b`

(2) `a != b`

(3) `b < c`

(4) `a <= b`

(5) `c >= b`

3.2

```
if (a % 3 == 0) {
    System.out.println("3で割り切れます");
} else {
    System.out.println("3で割り切れません");
}
```

» 解説

「3で割り切れる」という条件を「3で割った余りが0である」という条件に読み替えて、`if`文の条件式を（`a % 3 == 0`）とします。

3.3 `for`文を使用した場合：

```
public class Practice3_3_1 {
    public static void main (String[] args) {
        int sum = 0;
        for (int i = 10; i <= 20; i++) {
            sum += i;
        }
        System.out.println ("答えは" + sum) ;
    }
}
```

`while`文を使用した場合：

```
public class Practice3_3_2 {
    public static void main (String[] args) {
        int sum = 0;
        int i = 10;
        while (i <= 20) {
            sum += i;
            i++;
        }
        System.out.println ("答えは" + sum) ;
    }
}
```

3.4 変数`i`が`1`のとき：

```
A
```

変数`i`が`2`のとき：

何も出力されません。

変数`i`が`3`のとき：

```
B
C
```

変数`i`が`4`のとき：

```
C
```

変数iが5のとき：

```
C
```

3.5 （1）(a == 5) || (a == 8)

（2）(a <= b) && (c <= b)

（3）(a > 1) && (a < 10) && (a != 5)

（4）((a == b) || (a == c)) && (a != d)

3.6 空欄（1）counts.length（あるいは6でも可）

空欄（2）counts[i]

第4章

4.1 （1）引数、（2）戻り値、（3）void、（4）オーバーロード

4.2 （1）

空欄（A）

```
static void printHello(int count) {
    for (int i = 0; i < count; i++) {
        System.out.println("Hello");
    }
}
```

空欄（B）

```
printHello(5);
```

（2）

空欄（A）

```
static double getRectangleArea(double width, double height) {
    return width * height;
}
```

空欄（B）

```
double area = getRectangleArea(5, 10);
System.out.println(area);
```

（3）

空欄（A）

```
static String getMessage(String name) {
    String message = "こんにちは" + name + "さん";
    return message;
}
```

空欄（A）別解

```
static String getMessage(String name) {
    return "こんにちは" + name + "さん";
}
```

空欄（B）

```
String message = getMessage("たかし");
System.out.println(message);
```

（4）

空欄（A）

```
static int getAbsoluteValue(int value) {
    if (value < 0) {
        return -value;
    }
    return value;
}
```

空欄（A）別解

```
static int getAbsoluteValue(int value) {
    return value < 0 ? -value : value;
}
```

空欄（B）

```
int i = getAbsoluteValue(-3);
System.out.println(i);
```

（5）

空欄（A）

```
static double getAverage(double a, double b, double c) {
    return (a + b + c) / 3;
}
```

空欄（B）

```
double d = getAverage(1.5, 9.7, 2.0);
System.out.println(d);
```

（6）

空欄（A）

```
static boolean isSameAbsoluteValue(int i, int j) {
    return getAbsoluteValue(i) == getAbsoluteValue(j);
}
```

空欄（B）

```
boolean b = isSameAbsoluteValue(3, -3);
System.out.println(b);
```

» 解説 »»

今回の (B) の命令文は、メソッドを呼び出して戻り値を出力するだけですので、

```
System.out.println(メソッド名(引数列));
```

のように、1行で書いてしまうこともできます。

第5章

5.1 空欄（1）（d）、空欄（2）（b）、空欄（3）（e）、空欄（4）（h）、空欄（5）（g）、空欄（6）（a）、空欄（7）（f）

5.2 （1）

空欄（A）

```
static void printInfo(Person p) {
    System.out.println("名前：" + p.name);
    System.out.println("年齢：" + p.age);
}
```

空欄（B）

```
printInfo(a);
```

（2）

空欄（A）

```
static boolean ageCheck(Person p, int i) {
    return p.age > i;
}
```

空欄（B）

```
System.out.println(ageCheck(a, 15));
```

（3）

空欄（A）

```
static void printYoungerPersonName(Person p1, Person p2) {
    if (p1.age > p2.age) {
        System.out.println(p2.name);
    } else {
        System.out.println(p1.name);
    }
}
```

空欄（B）

```
printYoungerPersonName(a, b);
```

（4）

空欄（A）

```
static int getTotalAge(Person p1, Person p2) {
    return p1.age + p2.age;
}
```

空欄（B）

```
System.out.println(getTotalAge(a, b));
```

» 解説

インスタンスの参照を引数とするメソッドの復習のための問題です。解答を考えるだけでなく、プログラムコードを実際に作成して動作を確認しましょう。

第6章

6.1 (1) × …… `main`メソッドには`static`修飾子がつくためクラスメソッドです。

(2) ○ …… ローカル変数名と重複する場合には省略できないので注意が必要です。

(3) ○ …… コンストラクタがなくても問題ありません。

(4) × …… クラス変数はどのインスタンスメソッドからでも参照できます。

(5) × …… インスタンスメソッドからクラスメソッドを呼び出すことができます。

6.2 (1) コンストラクタとは、インスタンスが生成されるときに自動的に呼び出される命令をまとめたものです。(引数を受け取ることができます。一般には、インスタンス変数を初期化する目的で使用されます。)

(2) インスタンスメソッドは、個々のインスタンスが備える機能であり、インスタンス変数を参照できるという特徴があります。一方で、クラスメソッドはクラスが備える機能であって、インスタンスを生成しなくても使用できます。

6.3 (1) 次のコンストラクタを追加します。

```
Rectangle (double width, double height) {
    this.width = width;
    this.height = height;
}
```

(2) 次のメソッドを追加します。「`this.`」は省略できます。

```
double getArea() {
    return this.width * this.height;
}
```

(3) 次のメソッドを追加します。

```
boolean isLarger(Rectangle r) {
    double thisArea = this.getArea();  // 自分自身の面積
    double rArea = r.getArea();  // 引数で渡されたrの面積
    if (thisArea > rArea) {  // 面積を比較する
        return true;  // 自分の面積のほうが大きければtrueを返す
    } else {
        return false;  // そうでなければfalseを返す
    }
}
```

または、次のように簡潔に記述することもできます。

```
boolean isLarger(Rectangle r) {
// 自分自身の面積がrの面積より大きいか判定した結果を返す
    return this.getArea() > r.getArea () ;
}
```

(4)

```
public class Practice6_3 {
    public static void main(String args[]) {
        Rectangle r1 = new Rectangle(5, 3);
        Rectangle r2 = new Rectangle(6, 2);
        System.out.println(r1.getArea());
        System.out.println(r2.getArea());
        System.out.println(r1.isLarger(r2));
    }
}
```

第7章

7.1 (1) ○

(2) ○

(3) × …… クラスのスーパークラスはただ1つだけです。

(4) ○

(5) × …… インスタンスが生成されるときは、スーパークラスのコンストラクタが実行されてからサブクラスのコンストラクタが実行されます。

7.2

```
[X]    ← Xのコンストラクタが実行されます
[x.a]  ← Xのaメソッドが実行されます
[x.b]  ← Xのbメソッドが実行されます
[X]    } Yクラスのインスタンスが生成されるときに、最初にスーパー
[Y]    } クラスであるXクラスのコンストラクタが実行されます
[y.a]  ← Yクラスでオーバーライドしたaメソッドが実行されます
[x.b]  ← Xクラスから継承したbメソッドが実行されます
```

7.3 （3）、（4）、（6）

» 解説

スーパークラスを型とする変数にはサブクラスのインスタンスを代入できます。

第8章

8.1 抽象クラスとはインスタンスを作れないクラスです。宣言するときに`abstract`修飾子をつけます。

8.2 （1）○……通常、メソッドの処理の内容は記述しません。しかし、メソッドの宣言のときに`default`修飾子をつけることで、処理の内容を記述する方法があります。詳しくは実践編で説明します。

（2）×……インタフェースはいくつでも実装できます。

（3）×……インタフェースを実装するクラスは、インタフェースに含まれるメソッドを必ず定義しなくてはなりません。

（4）○

（5）×……インタフェースの中で宣言された変数は、暗黙的に`public static final`修飾子がついているものとして扱われるので、値を変更できません。

8.3 （1）`private`

（2）`final`

（3）`static`

8.4 （1）、（4）、（6）、（7）

» 解説 »»

（1）抽象クラスはインスタンスを作れません。

（4）インタフェースはインスタンスを作れません。

（6）サブクラスを型とする変数にスーパークラスのインスタンスは代入できません。また、抽象クラスはインスタンスを作れません。

（7）`B`クラスはインタフェース`I`を実装していないので、そのインスタンスを`I`型の変数に代入することはできません。

索 引

記号

数字

A

B

C

D

E

F

I

J

L

M

N

O

P

R

S

T

U

V

W

ア行

カ行

サ行

著者紹介

三谷 純（みたに じゅん）

筑波大学システム情報系教授。コンピュータ・グラフィックスに関する研究に従事。
1975年静岡県生まれ。2004年東京大学大学院博士課程修了、博士（工学）。
Java言語とは1996年ごろからの長い付き合いで、現在も研究開発においてJava言語をメインに使っている。大学内ではJava言語の授業を担当。最近は曲面を持つ立体折り紙の設計の研究に取り組んでおり、そのためのシステムもJava言語で開発した。
主な著書に『Java① はじめてみようプログラミング』『Java② アプリケーションづくりの初歩』（2010年・翔泳社）、『Java 第2版 入門編 ゼロからはじめるプログラミング』『Java 第2版 実践編 アプリケーション作りの基本』（2017年・翔泳社）、『立体折り紙アート』（2015年・日本評論社）がある。

装丁：イイタカデザイン 飯高 勉
組版：有限会社 風工舎 川月 現大

学習用教材のダウンロードについて
下記URLのページより、本書を授業などで教科書として活用していただくことを前提に作成した学習教材（スライド等）をダウンロードできます。大学や専門学校、または企業などで本書を教科書として採用された教員・指導員の方をはじめ、どなたでも自由にご使用いただけます。
https://mitani.cs.tsukuba.ac.jp/book_support/java/

プログラミング学習シリーズ
Java（ジャバ） 第3版 入門編
ゼロからはじめるプログラミング

2010年 1月28日 初版第1刷発行
2017年 3月27日 第2版第1刷発行
2021年 1月28日 第3版第1刷発行
2024年 1月10日 第3版第5刷発行

著　者 三谷 純（みたに じゅん）
発行人 佐々木 幹夫
発行所 株式会社 翔泳社（https://www.shoeisha.co.jp）
印刷・製本 大日本印刷株式会社

ISBN978-4-7981-6706-0 Printed in Japan